提高肉鸡养殖效益关键技术

TIGAO ROUJI YANGZHI XIAOYI GUANJIAN JISHU

管 镇 编著

中国科学技术出版社
·北 京·

图书在版编目（CIP）数据

提高肉鸡养殖效益关键技术 / 管镇编著 . —北京：
中国科学技术出版社，2017.6

ISBN 978-7-5046-7502-6

I. ①提… II. ①管… III. ①肉鸡—饲养管理
IV. ① S831.4

中国版本图书馆 CIP 数据核字（2017）第 094838 号

策划编辑	乌日娜
责任编辑	乌日娜
装帧设计	中文天地
责任校对	焦 宁
责任印制	徐 飞

出　　版	中国科学技术出版社
发　　行	中国科学技术出版社发行部
地　　址	北京市海淀区中关村南大街16号
邮　　编	100081
发行电话	010-62173865
传　　真	010-62173081
网　　址	http://www.cspbooks.com.cn

开　　本	889mm×1194mm　1/32
字　　数	140千字
印　　张	5.75
版　　次	2017年6月第1版
印　　次	2017年6月第1次印刷
印　　刷	北京威远印刷有限公司
书　　号	ISBN 978-7-5046-7502-6 / S·640
定　　价	22.00元

生长速度快、饲料报酬高是肉用仔鸡品种的种质优势。肉鸡养殖虽然劳动强度不大，但需要漫长而细致、耐心而责任心特别强的操作。因此，农户家庭承包劳作方式更适合其生产。

全价平衡的饲料营养才可发挥"鸡种优势"的基础；落实综合性卫生防疫措施，强调的是预防为主，全方位对疫病的防控，是保障仔鸡健康成长的关键。科学合理的饲养管理方法使得饲养过程更加游刃有余，得心应手。

饲养的成功，只是养殖取得效益的起步，而当今推崇的"公司＋农户"式的产业化经营可以保障将成功转化为效益，转变成真金白银。通过建立适合本地区的经营联合体，养鸡户尽可从"联合体"中得到鸡种、饲料、防疫的帮助以及相关的技术指导，而且不至于在茫茫的市场大潮中陷进盲目生产的泥潭；产销对接，以农业为基础的一、二、三产业的融合发展，使得养殖的"效益"更可靠，也更丰厚。

凡事要成功，天时地利人和，缺一不可。肉用仔鸡业的饲养也遵循这一"天理"。多种优势成就了肉用仔鸡的饲养成为养殖业中效益的佼佼者，作为精准扶贫的选项之一，也在情理之中。

本书作为"精准扶贫脱贫农业技术致富丛书"之一，将从环境保护、鸡种利用、饲料配合、饲养技术以及集约化经营等5个方面予以详细地剖析和介绍。

编 著 者

Contents 目 录

第一章
提供适宜的生存环境

一、饲养环境亟待整治

饲养环境是肉鸡最基本的生存条件，但长期以来饲养环境的关注与重视远非目前达到的程度。这好比人类文明发展到了今天，才更多关注环境保护，关注我们人类生存的环境，因为它已经并且正在威胁着我们的生活和生存。肉鸡生存环境的恶化出于对环境的重要性的不了解，以至于出现种种乱象。

（一）乱象与隐患

第一，众多的散养户为了节约资金，在场址的选择和鸡舍的建造方面不舍得多投入，或是利用原有的闲旧房舍稍加改造，或是在自家院内搭建简易鸡舍。旧房舍结构不合理，新鸡舍又过于简陋，一般舍内阴暗潮湿，冬季保温性能差，夏季空气既不流通，又无法防暑降温，环境恶劣，鸡群容易发病。

第二，养鸡专业村周围全是养鸡场，鸡群过分密集，养鸡规模大小不等，有几百只、上千只的，还有养1万只以上的大户。不同饲养条件下的独立鸡群间距太近。这种多批次、多品种、多日龄的鸡群，聚集在一个小的区域内。无序的生产使饲养环境日益恶化，一旦发生疫病将造成毁灭性的损失。

第三，在高密度的饲养环境中，没有任何隔离措施，更有甚者将死鸡和病鸡随地剖杀或乱扔而不做深埋处理。鸡粪到处堆积，污水随便排放，这就使病原微生物通过污染场地及其中的垫料、饲料、饮水、饲具和空气四处传播，造成场内外、舍内外的交叉污染，使疫病流行成为可能。

第四，集约化饲养明显地提高了单位面积上的载鸡量，这种高密度的饲养使粪、尿分解产生的高浓度氨、硫化氢，由呼吸排出的二氧化碳，加上悬浮在空气中的高密度尘埃，导致鸡舍内空气污浊，形成恶劣的气态环境，往往会引发诸如慢性呼吸道病和大肠杆菌病。

乱象丛生，潜伏着众多的隐患，污浊的环境是疫病流行的土壤。随着集约化饲养的发展，一些以前没有出现过的疾病也呈现出来，诸如肉鸡猝死综合征、腹水综合征等生产性疾病，某些营养代谢疾病，如肉鸡的腿病发生率明显升高，都是在人类强制的条件下，促使肉鸡快速生长而产生的。

污浊的环境不加整治，其患无穷。

（二）由禽流感引发的警示与启迪

2004年1月23日在广西隆安县丁当镇的一个养鸭场被确诊为感染高致病性禽流感，1月30日湖北武穴市、湖南武冈市的养鸭场被确诊为高致病性禽流感疫病后，又有安徽的雨山区、广东的揭东县、浙江的永康市、河南的平舆县相继出现疫情，至2月15日已有上海、云南、新疆、吉林等13个省、直辖市、自治区分别出现高致病性禽流感疫情49起。为此，国务院加强了防控力度，财政部落实禽流感免疫疫苗经费，国家发改委加大防疫基础设施投入力度，质检部门加强对进境禽类及其产品的检验检疫工作，林业部门加强对候鸟迁徙规律的研究，工商部门加强禽类市场的管理。

自2005年起到2006年上半年又发生35起高致病性禽流感，共有19.4万只禽发病，死亡18.6万只，扑杀2 284.9万只。

据资料表明，1983—1984年美国暴发的禽流感耗资6 000万美元，农业部拨出1 260万美元救灾款，直接经济损失达3.49亿美元，如果不采取灭源措施，农民损失可能达到15亿美元。

1994年墨西哥禽流感波及12个州，共有1 800万只鸡被淘汰，3 200万只鸡被封锁，1.3亿只鸡被紧急接种疫苗，直接经济损失达10亿美元。

1997年香港禽流感，约有150万只鸡、鸭、鹅、鸽等被扑杀，直接耗资6 000万港元，政府对养禽业补贴10亿港元，经济损失达10亿港元。

此刻养鸡业的风险程度终于凸现在人们面前，使得沾沾自喜于小农经营方式，一时得到致富的养鸡户遭到了沉重的打击，风险意识加强了，迫使我们冷静下来，开始思考风险从何而来？可控吗？如何进行风险管理。

（三）严控烈性传染病的入侵

传染病的暴发和流行，给养鸡业带来毁灭性的灾难，尤其对于密集饲养的鸡群，危害最为严重。禽流感被国际兽疫局定为甲类烈性传染病，流感病毒对鸡群的传播和暴发是毁灭性的，因此严控烈性传染病的入侵，有效控制其发生，对于养鸡业具有重要的现实意义。

鸡的传染病多种多样，但一般都是由特定的病原微生物（如病毒、细菌、真菌、支原体等）通过某种途径侵入而引起鸡体一系列的病理变化。如鸡新城疫，是由新城疫病毒引起的；高致病性禽流感其中之一，是由H5N1亚型病毒引起的。

传染病的流行过程，就是从个体感染到群体发病的过程，必须具备传染源、传播途径和易感动物这三个基本节点，缺一不可。由此可知，只要解除其中任何一个节点，新的传染就不可能再发生；而且即使流行已经形成，只要切断其中任何一个节点，传染病在鸡群中的流行即可终止。

严控三个基本节点措施如下。

1. 控制传染源　传染病的来源，具体地说，就是患传染病的鸡和带菌（病毒）的鸡，它们是构成传染病发生和流行的最主要条件。

患传染病的鸡，当它处在潜伏期时，由于传染病的病原体数量还很少，不具备从体内排出的条件，所以还起不到传染源的作用。但处于临床症状明显时期，患病鸡可排出大量毒力强的病原体，其传染源的作用最大。禽流感的禽尸和病禽的分泌物、排泄物是主要的传染源。

外表无临床症状的带菌（毒）禽，是体内存有病原体并能繁殖和排出体外的隐性感染者。据研究表明，野禽尤其是水禽是流感病毒的巨大储存库，这就是为什么强调养鸡的地方不能同时饲养水禽的原因。

2. 切断传播途径　病原体从传染源排出后，要经过一定的传播方式，再侵入到其他易感鸡体。大多数传染源都是通过间接接触的传播方式由传播媒介将病原体传播到易感鸡体的。其传播媒介有：①可能是生物，如蚊、蠓、蝇、鼠、猫、狗、鸟类等；②也可能是无生命的物体，如空气、饮水、饲料、土壤、飞沫、尘埃、运输车辆和饲养管理用具等；③还可以通过人员传播，特别是饲养人员、兽医、参观者等；④也可以通过污染的环境使易感鸡体感染，或使疾病广为散播流行。所以，切断传播途径，就是切断病原体的继续传播。

严格的隔离制度和交通管制措施的实施就是为了切断传染源的传播途径，诸如鸡场的选址要远离村庄、家禽屠宰场、集贸市场等可疑疫情地区，候鸟迁徙路径等防疫屏障的设置，严格的消毒净化，全进全出的饲养制度等都是为了达到"切断"这一目标。

3. 健全易感鸡群的免疫功能　鸡群对传染病病原体易感性的有无和大小，直接影响到传染病能否造成流行及疾病的严重程度。

原本易感的机体因接种疫苗（菌苗）而获得特异性的抵抗力，称之为主动免疫方式；而由注射了高免血清、高免蛋黄或直接由母体获得的抵抗力，称为被动免疫方式。它们都可以使易感鸡群变为不易感。如初生雏鸡由母体获得母源抗体，也是预防传染病发生和流行的免疫措施。所以，当生存空间中已存在某种特定传染病病原体（病毒）时，为防止病毒侵入，保持鸡体组织屏障完好，就必须进行预防接种疫苗，促使免疫功能健全，这是预防传染病暴发的关键所在。例如，2006年3月前，全国调拨禽流感疫苗29.67亿羽份，在4月中旬候鸟大批北迁之前对散养家禽进行禽流感免疫。因此2006年只发生了3起疫情，与2004年同期相比下降了94%，这是免疫功能健全措施的结果。

（四）鸡体的防御机制

鸡体是怎样阻挡病原体、病毒的入侵及增殖，以防止疾病发生的呢？

正如图1-1鸡体的防御机制所示。

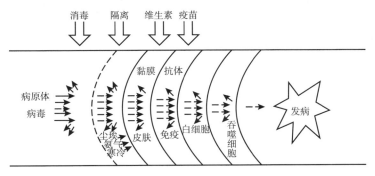

图1-1　鸡体的防御机制

覆盖在鸡体最外层的皮肤和黏膜是鸡体防御外来异物（病原菌、病毒）侵入的第一道屏障。健全的细胞壁能抵御病原体的入侵而不发生感染。因此，细胞壁的健全程度与鸡体的健康状况息息相关。

对黏膜、皮肤产生不良刺激的，正是鸡舍内氨气浓度的增高，尤其是处于集约化饲养的密集环境，加之尘埃、寒冷、干燥等这些外界环境伤害了细胞壁，使鸡的防御功能减弱，病原体和病毒就容易入侵鸡体。

而维生素（特别是维生素 A，维生素 D，维生素 E）有增强细胞屏障功能的作用。

当病原体、病毒侵入细胞壁后，第二道屏障免疫抗体开始发挥作用，这就是在事先按照入侵者的不同种类，由人工接种相应的疫苗使鸡体产生相应的免疫抗体，以抵御入侵的病原体和病毒。

此外，白细胞和巨大的吞噬细胞都是继第二道屏障后的防御屏障，它们毫无选择地攻击病原体和吞食入侵的病原体，这就开始了发病的早期。

所以，隔离和消毒措施的落实对保护鸡体细胞壁的健全起着关键的作用。

二、落实以预防为主的综合性卫生防疫措施

鸡体发病的成因，表明了环境因素对动物健康的重要作用，尤其是随着养鸡规模的不断扩大，在集约化水平不断提高的背景下，其重要性越显突出。所以，生物安全的观念一再被提及和重视。

生物安全的措施不仅包括免疫接种和药物防治，还包括各种环境控制、营养、防疫、人员管理等一切防止病原体侵入鸡群的保护性技术措施和管理措施。

要保障鸡体的正常生长，就必须消除对鸡体防御机构的侵害因素和增强鸡体的防御能力。而"消除"和"增强"，二者的实质就是以预防为主的综合性卫生防疫措施的两大部分，前者涉及阻断病原菌、病毒与鸡体接触的手段，即严格的隔离和杀灭病原菌、病毒的有效的消毒措施；而后者涉及的是鸡体的保健，其一在于减少各种应激因子引发鸡体免疫应答和防御能力的减弱，其二就

是适时地针对相应的病原菌、病毒，人为接种疫苗，使鸡体产生免疫抗体，以保护自身，抵御病原体的侵袭。这应该是以预防为主的综合性卫生防疫措施的基本内容。从本节起，我们将分成三个部分加以叙述。

三、阻断和灭杀病原体

（一）切断病原体的传播途径

优良的饲养环境是保证家禽正常生长发育的重要条件，恶劣的饲养环境是诱发疾病的重要因素。不少养殖户的鸡舍或是沿用旧房舍，或是设计不合理，导致鸡舍内部通风不良，氧气不足，氨气剧增。长期处于污浊环境下生长的肉鸡，不仅病死率升高，而且生长发育受阻，鸡群的健康与成活率难以保障。

实践证明，设计标准科学、设施装备先进、饲养环境优越的鸡舍，不仅便于集中管理，提高集约化程度和生产效率，更重要的是为鸡群创造了舒适而较为理想的生活环境、一个抵御病原体于鸡场之外的隔离屏障体系。它是实现鸡群健康，生产安全鸡肉产品的基础条件。

1. 防疫屏障系统的设置　防疫屏障的设置包括鸡场设施和鸡舍建筑两方面。

（1）场址选择　场区的环境与防疫的好坏密不可分，甚至是鸡场经营成败的重要因素之一。

为此，在贯彻隔离原则的前提下，场址应选择在自然环境较好的屏障区，禁止在旅游区和污染严重的地区建场。鸡场应该远离城市，以防污染城市环境，远离居民点、学校 2 000 米以上，远离畜禽生产场所 1 500 米以上，远离集贸市场和交通干线 1 000 米以上，并且要远离大型湖泊和候鸟迁徙路线。

场地应合理利用地势。一般选在地势较高的区域，其地下水位应低于鸡舍地层深度 0.5 米以下，地面干燥，易于排水。否则，就应当采取垫高地基和在鸡舍周围开挖排水沟的办法来解决。

水、电要有保障。要有清洁、充裕的水源，饮用水的水质必须符合国家《畜禽饮用水水质标准》。供电要可靠，并有备用的设施。

由于多数鸡舍采用自然通风，而当地主导风向对鸡舍的通风效果有明显的影响。因此，通常鸡舍的建筑应处于上风向位置，依次排列为育雏舍、育成鸡舍，最后才是成鸡舍，以避免成鸡对雏鸡的可能感染。

新建场址周围应设排水明沟，各栋鸡舍周围应有排污暗沟与场外明沟相通，在场址周围具备就地无害化处理粪尿、污水的足够场地。

（2）利于防疫隔离的场区设施与布局

①场区规划　应按鸡群的年龄划分成不同的分场，各自形成独立的场区，各场区之间的防疫间距在 500 米以上。各场实行全进全出制，转群后实施严格的隔离消毒措施，以防止疾病的传播。例如，上海华申鸡场和山东诸城外贸祖代鸡场等，就是以场整进整出进行设计的，在防疫上取得了很好的效果。

为了减少办公区外来人员及车辆的污染，应将办公区设计在远离饲养场的城镇中，把养殖场变成一个独立的生产机构。改变传统的将办公区、生活区及生产区均建在一起的布局方式。这样，既便于信息交流及商品销售，又利于养鸡场传染病的控制。

②场区平面布局具体要求

分区明确：鸡场可分成管理区、生产区和隔离区。管理区是全场人员往来和物资交流最频繁的区域，一般布置在全场的下风向。生产区是卫生防疫控制最严格的区域，与管理区之间要设消毒门廊。隔离区布置在生产区的下风向和地势较低处。各区之间应有围墙或绿化带隔离，并留有 50 米以上的距离。

鸡舍排列：根据工艺流程及防疫要求排列，雏鸡对清洁度要求高，所以排列在上风向。依次排列为育雏舍、育成舍和成鸡舍。

鸡舍朝向的选择：鸡舍朝向与鸡舍采光、保温和通风等环境效果有关，主要是对太阳光、热和主导风向的利用。从冷风渗透、鸡舍通风效果以及场区排污效果等方面综合考虑，鸡舍朝向一般与主导风向呈 30°～45° 角即可。

养殖密度：按《标准化肉鸡养殖基地建设标准》要求，每个养殖小区鸡舍数在 8～10 栋，每栋饲养量在 4 000～5 000 只，每个养殖小区饲养量在 40 000～50 000 只 / 批。

鸡舍间距：鸡舍间距应满足防疫、排污和日照要求。综合三方面的要求，鸡舍间距一般取 3～5 倍于鸡舍檐高（表 1–1）。

表 1–1　鸡舍防疫间距　（单位：米）

鸡舍种类	同类鸡舍	不同类鸡舍
育雏、育成舍	15～20	30～40
商品肉鸡场	12～15	20～25

场内道路：从鸡场防疫角度考虑，设计上将清洁道与污染道分开，以避免交叉污染。清洁道是场区内主干道，应保障饲料运输车辆的通行，宽度 3.5～6 米，宜用水泥混凝土地面，以便于环境消毒用。道路与鸡舍或场内其他建筑物外墙应保持 1.5 米的最小间距。

设计上应包含一条单向运输方案，从这条运输系统上经过的人、车辆、家禽，都应当遵循从青年禽至老年禽、从清洁区至污染区、从独立单元至人员共同生活区。这有助于防止污染源通过循环途径带入下一个生产环节。

场区绿化：场区绿化是养鸡场建设的重要内容，它不仅美化环境，更重要的是净化空气、降低噪声、调节小气候、改善生态平衡。建设鸡场时应有绿化规划，且必须与场区总平面布置设计同时进行。

在鸡舍周围可种植绿化效果快、产生花粉少和不产生花絮的树种，尽量减少黄土裸露的面积，降低粉尘，最好不种花。原因是花粉在春、秋季节其尘埃粒子发生量较多，每立方米含1万~100万个颗粒，平均在几十万颗左右，很容易堵塞过滤器，影响通风效果。

场区的消毒设施： 场区门口的消毒池主要用于必须进入鸡场的人员和车辆的消毒。场外的物品进入生产区，必须经过熏蒸箱的熏蒸消毒。饲养员在进入鸡舍前必须先将工作靴刷洗干净，并在消毒盆消毒后才能进入鸡舍。

鸡场的淋浴更衣系统： 鸡场有淋浴更衣设施，包括污染更衣室、淋浴室和清洁更衣室。要求进入鸡舍的人员在污染更衣室换下自己的衣服，在淋浴室洗澡后进入清洁更衣室，换上干净的工作服，才能进入鸡舍。通过淋浴更衣措施，尽量减少人为因素造成鸡群的感染。

鸡场的围护方式： 鸡场的围护设施主要是防止因控制不到的人员、物品和动物偷入或误入场区。为了引起人们的注意，一般要在鸡场大门树立明显标志，标明"防疫重地，谢绝参观"；场区设有值班室，甚至有专门供场内外运输或物品中转的场地，以便于隔离和消毒。

无害化处理设施： 为防止鸡场废弃物对外界的污染，鸡场要有无害化处理设施。鸡粪必须采用干法清淘，日产日清，应运至位于鸡场下风向至少50米以外处堆放、发酵。冲洗鸡舍、设备和日常生活、生产污水必须经无害化处理后，才能排出鸡场。在养鸡场死禽处理方法中，堆肥法是一种值得推广的方法。

（3）屏障的设置——鸡舍建筑 由于众所周知的原因，我国养鸡事业的发展中，鸡舍建筑设施的标准化与规范化的研究以及与之相匹配的设施研究甚少，尤其在鸡舍建筑的新材料、新工艺与新技术应用上，与发达国家差距甚远。因此，规范化的产品很少，许多大型养鸡场的设施大多从国外进口。

美国现在典型的新肉鸡舍的规格是13.5米×148米，从设备成本角度考虑，更大、更宽的鸡舍似乎更经济，每平方米供热费用更便宜，但在美国也只有40%的鸡舍符合上述规格。据说是由于增加鸡舍建筑的成本会导致资金流动出现问题。因此要切记，在投资规模和购置大型装备时，鸡场必须从自身的投资能力出发，适度控制。

在进行鸡舍建设时，除了生产需要之外，必须从生物安全体系的需要给予充分关注。主要包括：房舍的相对密闭性，房舍的大小，适宜的饲养设备，利于鸡舍小环境的控制，鸡舍建筑便于消毒，鸡舍周围环境，防止生物危害等。

①适当的宽度和高度　目前建造的专用肉鸡舍，多数采用自然通风的开放式鸡舍，其宽度在9.8～12.2米不等。按《标准化肉鸡养殖基地建设标准》要求，鸡舍内宽9.2～10米，中间留1.2米走道，两边设栖架，栖架高0.8～0.9米，内长为60～70米，净道一侧建饲料贮藏间。这样的鸡舍可以减少每只鸡占有的暴露总面积，从而减少在寒冷冬季的散热面积；而超过这个宽度的鸡舍，在炎热的天气通风不够。鸡舍的檐高为2米左右，脊高3～3.5米，这有利于排水。同时，应有良好的屋檐，以防止鸡舍内部遭受雨淋，也可提供鸡舍内部遮光、阴凉的环境。屋顶形式可采用单坡式、双坡式、联合式、拱顶式和平顶式，但屋顶最好使用100～150毫米厚防火聚苯泡沫材料做保温层，既有利于冬季减少散热，亦可减少夏季吸收的太阳热量。

②便于通风换气和调节温度　在鸡舍结构中常见的自然通风设施，主要有窗户、气楼和通风筒（图1-2）。

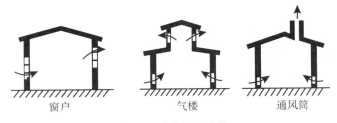

窗户　　　　　气楼　　　　　通风筒

图1-2　鸡舍通风结构

在屋顶的脊线上，设置直径为0.3米的换气口，换气桶高出鸡舍外屋顶 0.5 米，换气桶上面做防雨帽，换气口内做可调节换气大小的调节板，换气桶间隔 6 米。南北两侧每间隔 3 米开 1 个地窗，距地面 1.2 米，地窗长 30 厘米、高 20 厘米。地窗与框以下边为连接，地窗向里开启。

窗户：窗户要有高差，应注意让主导风向对着位置较低的窗口。为了调节通风量，可安装上、下两排窗户，根据通风的要求开、关部分窗户。这样，既利用了自然风力，又利用了温差。窗口的总面积，在华北地区为建筑面积的 1/3 左右，东北地区应少些，南方地区应多一些。为了使鸡舍内通风均匀，窗户应对称且均匀分布。冬季应特别注意不让冷风直接吹到鸡身上，可安装挡风板，使风速减缓后均匀进入鸡舍。

比较理想的窗户结构应有 3 层装置。内层是铁丝网，可以防止野鸟进入鸡舍和避免兽害，减少传播疾病的机会；中层是玻璃；外层是塑料薄膜，主要用于冬季保温。

气楼：比窗户能更好地利用温差，鸡舍内采光条件也较好，但结构复杂，而且造价高。

通风筒：通风原理与气楼相似，结构比气楼简单，但由于通风筒数量不多，所以效果不如气楼。一般要求通风筒应高出屋顶 60 厘米以上。

③适宜的墙体与地面结构　北方地区冬季多刮西北风，北墙和西墙的砖结构厚度应为 0.38 米，东墙和南墙可为 0.24 米。

墙体必须坚固、耐久、抗震、耐水、防冻，便于清扫和消毒，具有良好的保温、隔热性能。外墙四周必须做好水泥散水（宽 30 厘米，厚为 5 厘米）和水泥排水沟（直径为 40 厘米的半圆形），散水与排水沟为水泥一体，使清洗鸡舍污水不渗入鸡舍内，支撑墙体内外表面用水泥砂浆抹平。上方如为玻璃钢墙体，其厚度在 10～15 厘米及以上。

地面应坚实、平坦、防滑，有利于消毒和排污，保温、不渗水、不返潮，一般采用混凝土地面，厚度为 3～10 厘米。

为了使鸡舍内冲洗排水方便，地面应该有一定的坡度，一般掌握在 1∶200～300，并有排水沟。为了方便清粪和防止鼠害，地面和距地面 0.2 米高的墙面最好用水泥砂浆抹面（图 1–3）

图 1–3　鸡舍地面结构图

地面也可设计为中间低，侧墙两边高（有 3°～5° 的倾斜），便于清理鸡粪，中间低的部分，以操作间一端为高，而脏道一端为低为宜（有 5°～8° 的倾斜），可将清洗鸡舍的污水全部排除到鸡舍以外，用相连接的不渗漏管道排出围墙外。

地基必须有足够的承载能力，足够的厚度，抗冲刷能力强。在基础墙顶部和舍内地坪以下 60 毫米处设置防潮层。如为玻璃钢体结构，地下部分必须有宽为 37 厘米、高为 30 厘米的地基，地上部分有宽 24 厘米、高 30 厘米的支撑墙体。

④鸡舍类型　常见鸡舍有开放式平养肉鸡舍和密闭式鸡舍。

开放式平养肉鸡舍：是当前国内较为流行的一种形式（图 1–4）。舍内地面铺垫料，或地面的 2 3 为木条漏缝板面。按饲养需要可安装供料、饮水设备。

密闭式鸡舍：也称无窗鸡舍，舍内环境条件完全依靠人工调节，须配置人工操控的、自动化、机械化程度高的设备，所以投资费用颇大，适合于四季温度变化明显的地区。

2. 管理制度的建立与实施

（1）强化"隔离"意识　防止将病原体从外部带入和向外扩散的手段是隔离的本意。尤其对一些有外部来源或消灭不了的病原体，隔离可以杜绝其感染或循环的途径。防疫屏障系统的建立，只是构建生物安全体系的起点和基础，而真正要切断病原体的传播，还要靠一系列严格的隔离制度和交通管制措施的落实来保障。许多切实可行又容易执行的制度却往往难以落实，关键是不少养鸡户的卫生防疫意识淡薄。例如，平时鸡舍门口不设消毒池；外人不经任

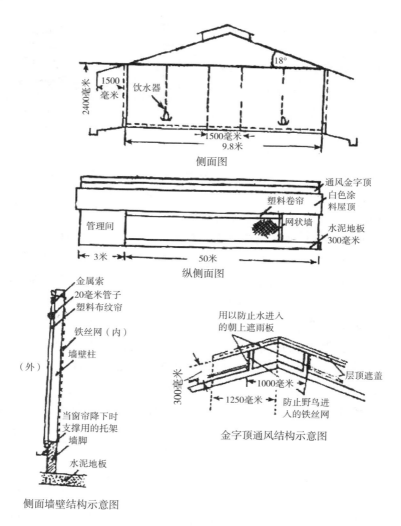

侧面图

纵侧面图

侧面墙壁结构示意图

金字顶通风结构示意图

图1-4 开放式平养肉鸡舍

何消毒随意出入鸡舍；就是设置了消毒池的，或是没有消毒液，或是消毒液长期不换，或是消毒池里放砖头踩着过，根本起不到消毒效果。又如，进雏前鸡舍与用具没有做到彻底清扫、冲洗、消毒，并间隔15～21天再进雏；而为了周转快，没有周密计划，只间隔

2～3 天就进雏鸡，因而不能彻底切断病原体的循环周期。这种似隔非隔的状况对鸡群的安全造成了严重的威胁。

重要的是要有隔离意识，千方百计地创造隔离条件，多提供一点防疫屏障。有不少种鸡场在每栋鸡舍四周开挖防疫沟，所有舍间空地种上草坪，使舍与舍间形成天然隔离带，所有鸡舍的门窗均安装防雀网，防止飞鸟进入鸡舍传播疾病，其效果非常显著。

2003—2004 年，我国 49 个疫点发生的高致病性禽流感，每个疫点都要经 21 天的隔离封锁，经检验无病原体后才准予解除封锁，经过半年的空置期后才能再饲养家禽，可见"严格"的程度。

所以，要有效防止重大动物疫病的发生，首要的是严格地执行各种隔离预防设施，才能将病原体阻隔于鸡群之外，保障"生物安全"的饲养环境。

（2）切实执行交通管制措施　交通管制措施是防止外部病原微生物侵入鸡场内的一项严格的强制措施。

所谓"强制"就是非此不可，没有商榷的余地。只有贯彻执行了这些规则，防疫屏障系统的设置才有现实意义和真正的效果。所谓"强制"，不仅体现在"交通管制规则"有多严格和严密，更体现在它的执行力上。所以，加强对"防疫屏障设施"以及"交通管制规则"的监管和维护，派驻值守人员尽责，应该是"强制"的着力点。否则，它们将形同虚设，似隔非隔，切而不断的状况对"生物安全"是极大的威胁。

"交通管制措施"大致有以下方面。

①鸡场周围应设置隔离区　可由围墙、篱笆或防护隔栏，以及在鸡场四周掘防疫沟等，并设置大门与门卫。大门应上锁，防止其他人员进入和污染物的直接吹入。

②严格消毒　鸡场和鸡舍的进出口都要设消毒池，池内放置生石灰、烧碱、0.5% 次氯酸钠液等消毒药物。鸡舍、场地、用具等，都要定期消毒。生产区内消毒池的消毒液，一般 1～2 天更换 1 次。

③强化隔离措施　人员、车辆和物品是最具流动性的病原体携

带者，严禁来自疫区的人员、车辆及物品进入场内。

鸡场应设立三道关卡：第一道关卡，对进入的车辆进行严格的消毒，严禁非本单位的车辆入内，进入场内的人员须经紫外线照射10分钟后才允许进入；第二道关卡，设立在生产区和生活区中间，进入第二道关卡的车辆和人员，必须踩踏浸有烧碱的消毒池中的消毒垫，与生产无关的内部车辆和外单位人员禁止进入；第三道关卡，设立在生产区，要求员工经洗澡、更衣、换鞋帽后方可进入，进入鸡舍后的人员禁止外出，实行半封闭式管理。

养鸡人员出入鸡舍要更换衣、帽、鞋，绝不允许将工作服、鞋穿出舍外。场内饲养人员严禁在不同鸡舍之间互串，做到场内外、各生产区间、各鸡舍间、饲养人员之间的严格隔离。喂鸡前要洗手。养鸡人员不要在市场上买鸡吃，更不能吃病死鸡，以避免鸡的疫病通过养鸡人员带进鸡场。场内职工家属不准饲养家禽及观赏鸟。

④严控外来人员入场　经批准进入鸡场前都要进行淋浴，采取相关的消毒措施，并穿上规定的干净服装和雨靴。

一切与鸡场无关的人员，均不得进入生产区。必须进入时，即使是应邀的禽病专家，也要经消毒和更换工作服后才能进入场区。应按规定路线在舍外观看，应先察看健康鸡群，再看假定健康鸡群、病鸡群、诊疗室，绝不能任意闯入鸡舍，消毒后才能进入办公区。

⑤控制运输车辆　车辆进入鸡场时不许装载家禽、禽蛋及其制品，对必须进入的饲料车、运雏车、政府检查官员的车辆，在进入场区前要进行彻底的清洗和消毒。最好在禽场入口处建一个独立的房间，进场前对所有人员和设备进行去污、净化消毒。对进入车辆要用去污剂进行高压冲洗，并用消毒药喷洒以减少和消灭绝大部分的病菌。

鸡场内应设置各类专用车，避免发生交叉感染，用具严禁串用。

⑥引入鸡　引进的种鸡、种蛋或商品鸡应来自于无疫病鸡场，并了解育成过程中的疫病和防治情况。引入的种鸡需隔离观察1个月，经确认无病后再放入鸡群。雏鸡的发送不能在两个以上的鸡场

巡回运行，只能由孵化场直接送到养鸡场。

⑦家禽产品应安全装运 一旦接触货车，就要防止其重新返回鸡场。而返回鸡场的运蛋箱、运鸡笼，也必须经过严格清洗消毒后才能进入场区，并应按规定的线路运出场区。

⑧封闭鸡舍 安装防雀网，防止野鸟进入鸡舍。定期灭鼠，以减少鼠类和苍蝇等昆虫的滋生繁衍。

（二）减少和消灭病原体——清洗和消杀

消毒是改善环境卫生的根本办法。消毒是在鸡体之外杀灭病原菌、病毒的唯一有效手段。消毒的任务就是把病原体消灭在其侵入鸡体之前。

生产实践中，不少养鸡户不重视消毒，即使有一些消毒措施也是草率进行。而当病毒、细菌侵入鸡体后，又滥用抗生素等药物来治疗。其实，抗生素不仅对病毒完全无效，而且极易引起鸡体的药物残留问题。而作用于体外杀死病毒、细菌的消毒药物，却是可以使用大剂量的强效药物，对病毒的杀灭能力是绝对强大的。

实际上，预防疾病的根本在于改善环境的卫生状况，抗生素并不能改善环境卫生，而消毒措施才是最有效、最价廉的改善环境卫生的办法。

1. 消毒与消毒药液

（1）达到有效消毒的要点

①清除污物 消毒是消毒药粒子与细菌的冲撞而呈现的杀菌能力，而鸡粪等污物常常会妨碍这种冲撞，使杀菌能力降低。所以，不清除鸡粪及其他污物，无论哪种消毒药都会使其效力降低，无论使用了多少消毒药液，其效果也不会理想。

②彻底清洗 消毒可分为3个步骤：先用水冲洗，然后干燥，最后喷洒消毒药液。

如果用水冲洗后向外排出污水，病毒和细菌就会随着污水流向周围，水干后又会随尘土飞扬污染附近鸡舍，扩大污染的范围。所以，在用水冲洗前先用消毒药液喷洒，以杀灭大部分病毒、细菌。

③要有足够量的消毒药液　喷洒消毒时药液要有足够的量。如果药液量还不能湿润物体本身，消毒药的粒子就不能与细菌、病毒直接接触，因而消毒药就不能发挥作用。一般鸡舍的水泥地面，每平方米地面需2升左右消毒药液，这个量可使药液在地面上流淌。如果在喷洒药液前未经充分冲洗，则需3升以上的药液。

（2）消毒药液的使用

①安全使用消毒药　养鸡场所使用的消毒药，大多数都相当安全。但不管怎样，这些药物均可对细菌、病毒产生瞬间的破坏作用，特别是消毒药的使用在鸡舍消毒、鸡体喷雾消毒和饮水消毒等方面明显增多后，从安全角度出发，必须正确地管理和使用。否则，可能会对人和鸡造成伤害。安全使用消毒药需要注意以下几个方面。

一是由于购买的消毒液大部分是瓶装原液，在药液的保管中应放置在儿童不易接触到的地方，也不要将剩有少量药液的量杯随便放置，或是用汽水瓶、酒瓶将药液分成小份等，以免误饮消毒药，造成中毒事故。

二是若误饮消毒药原液或浓液后，应大量喝水、牛奶等，并用手指插入喉咙深部使其反复呕吐，同时赶快就医。

三是使用消毒药液时，应做好个人的防护，穿防护服、戴上口罩及防护眼罩。

四是若原液、浓液溅入眼内，应立即用水充分、反复冲洗眼睛，绝不可揉眼睛，以免发炎。冲洗后尽快就医。

若皮肤上沾上了强酸类、强碱类等具有腐蚀性的原液、浓液时，应立即用水彻底冲洗。

五是消毒操作期间禁止饮酒。因为酒精可使血液循环加快，皮肤和黏膜的毛细血管扩张，容易吸收药物而引起中毒。

六是认真阅读所购买的各类消毒药的使用说明书。强酸性和强碱性消毒药可用于器具类浸泡消毒及地面消毒，但不能用于鸡体直接喷雾和饮水消毒。

一般用于鸡体喷雾的消毒药物有新洁尔灭、过氧乙酸、百毒杀（主要成分为癸甲溴铵溶液）等，用于饮水消毒的药物有漂白粉等。

七是消毒药用水稀释后稳定性很差，调制后的稀释液应尽快使用。稀释用水的硬度和金属离子对消毒效果有影响。因此，如果当地的水属硬水，应先软化处理后再用；在配制和使用稀释液时，勿使用金属制品器皿，一般使用耐酸、耐碱、耐腐蚀的塑料桶盛药液。

八是各类消毒液混合使用一般效果不好，故以不混为宜。当需要两种消毒药时，应分2次喷洒，浓度大的消毒药液后喷洒。

九是由于消毒药发挥效力需要一定的时间，也就是说，消毒药的粒子与细菌冲撞需要一定的时间才能达到杀菌作用，所以要消毒的器皿、物件必须充分浸泡在消毒药液中。

（2）常用消毒药物介绍

①来苏儿　又称煤酚皂溶液，3%～5%的热溶液常用于消毒无芽胞菌和病毒污染的鸡舍、管道、饲养用具，以及手臂消毒等。

②漂白粉　适用于鸡舍、地面、粪便、脏水的消毒。饮水消毒以粉剂6～10克加入1米³水中拌匀，30分钟后即可饮用。1%～3%澄清液可用于料槽、饮水槽及其他非金属用具消毒，5%～10%的溶液用于排泄物消毒，10%～20%的乳剂能在短时间内杀死细菌和芽胞，可用于鸡舍消毒。将干粉剂与鸡粪以1∶5的比例均匀混合，可进行粪便消毒。

漂白粉对皮肤、金属制品和衣服都有腐蚀作用，消毒时应注意防护。漂白粉和空气接触时容易分解，因此应密封保存在干燥、阴暗、凉爽的地方。

③氢氧化钠　又叫苛性钠、烧碱。通常用2%～3%的热溶液消毒鸡舍墙壁、地面、用具等。消毒后经过1小时，要用水将用具、地面上附着的残留药液洗净。

烧碱溶液的腐蚀性很强，消毒时要穿胶鞋，戴胶皮手套（均为耐酸、碱的橡胶制品），戴眼罩防止溶液溅入眼内。

烧碱极易吸收大气中的水分而潮解，渐变成碳酸钠，使消毒效力大为减弱，因此保存时要密封。粗制烧碱液或固体碱含氢氧化钠94%左右，一般为工业用品，由于价格低廉，故常以此替代精制氢氧化钠使用，但使用时要按94%的含量换算。

④石灰　常用石灰乳，因为石灰必须在有水分时才会游离出氢氧根离子（OH⁻）而发挥消毒作用。石灰加水配制成10%～20%的石灰乳，一般对细菌有效。常用于墙壁、地面、粪池及污水沟的消毒。

⑤40%甲醛　37%～40%甲醛溶液就是福尔马林。甲醛能与蛋白质中的氨基结合而使蛋白质变性。

0.25%～0.5%甲醛溶液，有强大的杀菌作用和刺激作用，能在6～12小时杀死细菌、芽胞和病毒，可用于鸡舍、用具和排泄物的消毒。也可利用甲醛气体进行熏蒸消毒（详见本书第四章"雏鸡的饲养与管理"）。

⑥新洁尔灭　属于阳离子型表面活性剂。阳离子表面活性剂特点是杀菌范围广，对革兰阳性和阴性菌及多种真菌、病毒等具有杀菌效力强、作用迅速、刺激性小、毒性低、用量少的特点。

0.1%的溶液用于饲养、孵化、育雏用具的洗刷以及手臂、器械的消毒。用于种蛋的消毒，要求液温为40℃～43℃，浸洗时间不超过3分钟。使用时不能与肥皂、氢氧化钠等配合，如已用过肥皂、氢氧化钠，应先用清水充分洗净后再用新洁尔灭消毒。

0.15%～2%溶液可用于鸡舍内空间的喷雾消毒。

⑦过氧乙酸　市售品为20%溶液，有效期半年。但稀释液只能保持药效3～4天。它有强大的氧化性能，分解出的乙酸和过氧化氢起着协同杀菌作用，其杀菌能力快而强，对细菌、病毒、真菌和芽胞均有效。

0.04%～0.2%溶液用于耐酸用具的浸泡消毒；0.05%～0.5%的水溶液用于环境、禽舍的喷雾消毒。

用于室内消毒可按每立方米空间用20%的过氧乙酸溶液5～15毫升，稀释成3%～5%的溶液，加热熏蒸，室内空气相对湿度宜在 60%～80%，密闭门窗 1～2 小时。

用于鸡舍内带鸡喷雾消毒，浓度为 0.2%，每立方米空间用药液 15～30 毫升。

⑧高锰酸钾 为暗紫色斜方形的结晶，易溶于水，是一种强氧化剂。用 0.1% 的溶液能杀死大多数繁殖型细菌，2%～5% 溶液能在 24 小时内杀死芽胞。

高锰酸钾水溶液必须现配现用。

⑨洗必泰 本品抗菌谱广，对绿脓杆菌也有效，其抗菌力强、毒性低。

0.02% 溶液用于洗手消毒，0.05% 酒精溶液用于皮肤消毒，0.1% 溶液用于器械消毒，0.05% 溶液用于禽舍喷雾消毒。

⑩爱迪伏 是碘伏类消毒剂，每升药液含活性碘 2.8～3 克，为深棕色液体，微酸性（pH 值 5.5～6.5）。因具有亲水、亲脂双重性，所以消毒范围广。当浓度为 25 毫克/升时，10 分钟能灭活各种细菌、芽胞和病毒。这是一类广谱、长效、高效、无毒、无刺激性、无腐蚀性的比较理想的消毒药。

当药液用水稀释 20 倍后，可对禽舍和鸡体进行喷雾消毒，每立方米空间用药液 3～9 毫升。当药液稀释 10～20 倍后，可用于鸡舍内用具、孵化用具等的洗刷消毒。若浸泡种蛋，几秒钟即可达到消毒目的，浸泡后可不必用清水冲洗。每升饮水中加原药液 15～20 毫升，连续饮用 3～5 天。适用于预防肠道传染病。

⑪百毒杀 是无色、无味的溶液。其消毒杀菌作用可不受有机物污染的影响，不受硬水的影响，不受环境酸碱度的影响，不受光热的影响，长期贮存而效力不减。由于它具有亲水和亲脂的两重性，所以消毒面广。

在每立方米水中加入百毒杀 50～100 毫升，可作饮水消毒用；在有传染病的情况下，用药量加倍。

当每 10 升水中加入百毒杀 3 毫升后，适用于禽舍、饲养设备及用具、周围环境、孵化设备、种蛋和鸡体表的喷雾消毒。在有传染病的情况下，每 10 升水中应加入百毒杀 5～10 毫升。

2. 养鸡现场的消毒措施

（1）房舍消毒的过程

①清扫　凡使用过的鸡舍，其地面、墙壁、顶棚及附属设施，均被灰尘、粪便、垫料、饲料和羽毛等沾污，都需要将污染物一一清扫到鸡群接触不到的一定距离以外的处理场。为防止病原体扩散，应适当喷洒消毒液。对不易清洗干净的裂缝、椽子背面、排气孔口等地方，都要一处不漏地彻底清扫干净。

②水洗　在清扫的基础上进行水洗。要使消毒药液发挥效力，彻底刷洗干净是有效消毒的前提。

所以，地面上的污物经水浸泡软化后，应用硬刷刷洗，如能采用动力喷水泵高压冲刷更好。墙壁、门窗及固定的设备用水洗、手刷，目的是将污物刷净。如果鸡舍外排水设施不完善，则应在一开始就用消毒液清洗消毒。同时，对被清洗的鸡舍周围，也要喷洒消毒药。

③干燥　一般在水洗干净后搁置 1 天左右，使舍内干燥。如果水洗后立即喷洒消毒药液，其浓度即被消毒面的残留水滴所稀释，有碍于药液的渗透而降低消毒效果。

④消毒　消毒液的喷洒顺序，应该由上而下，先房顶、天花板，后墙壁、固定设施，最后是地面，不能漏掉有遮挡物的部位。

消毒药液的浓度是决定杀灭病毒、细菌能力的首要因素，因此必须按规定的浓度使用。药液喷洒量至少是每平方米 2～3 升。有关熏蒸消毒的方法，详见本书第四章"雏鸡的饲养与管理"。

（2）脚踏消毒池的设置　在鸡场门口和鸡舍门口设置消毒池，是防止病原微生物传播的重要措施之一。为发挥消毒池的效用，一是要用适当浓度的消毒药液，二是要间隔一定时间更新药液。

（3）鸡体喷雾消毒　这是最有效、省事又节约的防疫手段。虽然污染鸡场的病原体可由外部带入，但只要有鸡存在，大部分病原体来自鸡体本身，鸡舍的污染程度会日益加重。所以，过去不消毒鸡体的消毒方法好比是仅仅消毒了容器，它是不能使养鸡场净化的，而且常见的传染病也不能被消灭。

鸡体喷雾消毒就是通过每天对鸡舍、鸡体喷洒消毒药液，杀死附着在鸡舍、鸡体上的病毒与细菌。它使鸡体体表（羽毛、皮肤）更加清洁，杀死和减少鸡舍内空中飘浮的病毒与细菌，沉降鸡舍内飘浮的尘埃，抑制氨气的产生并吸附氨气，使鸡舍内更加清洁。

鸡体喷雾的作用除了预防马立克氏病外，还有利于预防呼吸器官的疾病和各种常见传染病。

喷雾消毒操作：先把刚从孵化场购进的初生雏鸡在进入育雏舍之前从头到脚用消毒液（阳离子表面活性剂）喷雾，直至成鸡阶段前每天喷雾。进入成鸡以后每隔 1～2 天喷雾 1 次。药量如按鸡舍消毒地面计算，每平方米用 1.5～1.8 升喷洒到地面呈流淌程度，浓度为 1 000 倍稀释液；而鸡体喷雾时，用量为每平方米 60～240 毫升，浓度可为 500 倍稀释液，也就是前者浓度的 2 倍。总之，喷雾量以鸡体完全湿润的程度为准。在把消毒液喷洒到鸡体上时，鸡体喷雾还必须注意：一是通风换气，使弄湿的鸡舍、鸡体尽快干燥；二是保持一定的温度，特别是入雏时的喷雾，要提前将育雏器温度比平时提高 3℃～4℃。

另一种消毒操作的方法是 50 日龄后开始带鸡喷雾消毒，一般情况下每周 1 次，当发现有疫情时则每天消毒 1 次。

若以鸡体喷雾、鸡舍消毒、洗涤及防暑为目的，鸡舍的通风换气条件又好，宜用 100 微米雾滴类型的喷雾装置。在使用免疫疫苗的前后各 2 天，共 5 天，应停止用消毒药。

（4）饮水消毒　鸡的喙和鼻孔经常触及饮水器，其喉头部位正好是原发性呼吸器官疾病的病毒和细菌聚集的地方，而病原生物一旦进入体内与肠道的内容物混合，消毒药液就失去了作用。因此，对喉头部位进行消毒是有价值的。

饮水消毒可彻底杀死饮用水中的细菌和病毒，是预防由饮水传播传染病的手段。消毒药物在体外比抗生素和磺胺类药物有更强的杀菌力，且能更快地杀死细菌和病毒。

具体用法是将漂白粉粉剂6～10克，加入到1米³水中拌匀，30分钟后即可给鸡饮用。

在使用免疫疫苗的当天及前后各2天，共5天，应停止饮水消毒。

（5）其他卫生管理　①保证饲料来源无致病菌污染，并确定进入鸡场的方法。要扫净散落在外面的饲料，以免招引鼠类和鸟雀。②保证饮水、垫料和其他补给品，均无病原体污染，对水源和垫料等喷洒消毒剂，进行消毒处理。③发现病鸡、死鸡应立即加以处理。隔离病鸡，死鸡和有典型症状的病鸡应送兽医检验，同时进行消毒，绝不可拖延。检验完毕和无须检验的病死鸡应进行无害化处理，可设置焚化炉对其进行焚化。④搞好鸡舍环境卫生，清洁鸡舍附近的垃圾和杂草堆，对粪便及其他污物的清除、贮存和处理，都要注意安全。对运输道路进行消毒，防止粪便因风蚀作用和人为因素而扩散病原。

四、增强和保持机体自身抗病能力

（一）针对性的免疫接种和预防

综合性防疫卫生措施就是指从环境管理、消毒、卫生、免疫、检测等诸多方面对群发性疾病，尤其是各类传染性疾病作为重点采取防重于治的预防措施，主动的预防才能降低疫病的发病率和死亡率，使一些普遍发生、危害性大的疫病得到有效控制。

1. 免疫程序的制定、手段与技巧　保护鸡体的健康和群发性疾病发生的预防，其重点是对各类传染性疾病的预防，而着眼点是制定好免疫的程序。

免疫接种主要是有针对性地对某些特定的传染性疾病进行免疫接种，以使鸡体抵御某些特定传染性疾病的抗体得以提高，达到抵抗这种疾病的能力。

（1）**制定免疫程序的前提**

第一，要根据肉鸡的来源地和本地区的疫病流行情况、亲代鸡的免疫程序和母源抗体的高低来制定本场切实可行的免疫程序。

第二，由于马立克氏病和传染性法氏囊病对免疫中枢器官的损害是终身的，所以在对其他疫病免疫接种之前，必须先免疫接种马立克氏病和传染性法氏囊病疫苗，确保鸡体免疫功能的完善，在此基础上其他疫病的免疫接种才能取得效果。

（2）**免疫程序参考** 通用于所有养鸡场的免疫程序是不现实的，因此表 1-2 免疫程序仅作参考，养鸡户应根据自己鸡场的实际情况进行修订。更可靠的办法，是通过监测母源抗体等手段来确定有关疫苗使用的确切日程。

表 1-2　鸡免疫程序参考

年　龄	疫　苗	接种方法	年　龄	疫　苗	接种方法
1 日龄	马立克氏苗	皮下注射	8 周龄	禽痘疫苗	刺种
14 日龄	法氏囊病疫苗	饮水	10 周龄	传支（H_{52}）疫苗	饮水
21 日龄	新城疫（Lasota）疫苗	饮水	14 周龄	新城疫（Lasota）疫苗	饮水
28 日龄	传支（H_{120}）疫苗	饮水	16 周龄	传支（H_{52}）疫苗	饮水
5 周龄	法氏囊病疫苗	饮水	18 周龄	法氏囊病油乳剂苗	皮下或肌内注射
7 周龄	新城疫（Lasota）疫苗	饮水	19 周龄	新城疫油乳剂苗	皮下或肌内注射

（3）**疫苗使用的注意事项**

①接种用具，包括疫苗稀释过程中要使用的非金属器皿，在使用前必须用清水洗刷干净经消毒后使用。接种工作一结束，应及时把所用器皿及剩余的疫苗经煮沸消毒，然后清洗，以防散毒。

②不使用已超过保存期的疫苗和菌苗。瓶子破裂、长霉、无标

签或无检验号码的疫苗和菌苗，均不能使用。

③冻干苗在运输和保存期间，温度要保持在 $2℃\sim8℃$，最好是保持在 $4℃$，避免高温和阳光照射。

禽霍乱氢氧化铝菌苗保存的最适温度是 $2℃\sim4℃$，温度太高会缩短保存期，如果发生冻结，它将破坏氢氧化铝的胶性，以致失去免疫特性。

此外，所有的疫苗和菌苗都应在干燥条件下保存。

④接种弱毒活菌苗前后各1周，鸡群应停止使用对菌株敏感的抗菌药物。

鸡群在接种病毒性疫苗时，在前2天和后3天的饲料中可添加抗菌药物，以防免疫接种应激可能引发其他细菌感染。

各种疫（菌）苗接种前后，应加喂1倍量的多种维生素，以缓解应激反应。

⑤使用液体菌苗时，要用力摇匀；使用冻干苗时，要按产品使用说明书指定使用的稀释液和稀释倍数，并充分摇匀。

稀释疫苗绝对不能用热水，稀释的疫苗不能靠近热源或晒到太阳，应放置在阴凉处，并且在2小时内用完，马立克氏病疫苗必须在1小时内用完，否则可能导致免疫失败。

⑥在对鸡群对症接种了疫苗后，还需要加强卫生管理措施，不能高枕无忧。否则，在免疫鸡群中还可能有鸡发病。

（4）饮水免疫的技巧

①饮水免疫前，应详细检查鸡群健康状况，将病、弱鸡或疑似病鸡、弱鸡及时隔离出去，且不得给隔离鸡进行饮水免疫。

②适于饮水免疫的疫苗，一般是弱毒冻干疫苗。如新城疫Ⅱ系和Ⅳ系苗、传染性支气管炎 H_{120} 和 H_{52} 苗、传染性法氏囊病弱毒冻干疫苗等。灭活疫苗不得用于饮水免疫。

③为了使每只鸡都能饮到足够量的疫苗，饮水时间应控制在 $1\sim2$ 小时结束。而疫苗的用水量应在认真观察前3天鸡的饮水量后，取其平均值的40%。

④饮水免疫前必须控制喂料量，免疫前后 3 天不带鸡消毒和饮水消毒。饲料中较平时加入 1 倍量的维生素 A、维生素 E 和维生素 C。免疫结束后应停止供水半小时，之后才能供给含多种维生素的饮水，以缓解应激，1 小时后才能喂料。

⑤饮水免疫的机制在于通过呼吸道。为保证使疫苗由鼻腔进入呼吸道，必须造成鸡群在饮水时你争我夺的局面，由于呛水而进入鼻腔抵达呼吸道。所以，饮水器中的水要有一定的深度，这样可以使鸡在饮用疫苗水时鼻腔进入水中。同时，应配合停水措施（在饮疫苗水前应停水 2～4 小时，可视鸡舍温度和季节适当调整停水时间，夏季可在夜间停水）和给予 2/3 鸡群的饮水槽位。

2. 对症预防

（1）开展对鸡白痢病的定期检疫　鸡白痢是垂直传染病，因此只有切断病原的垂直传播来源，才能确保下一代雏鸡不受感染。

①净化鸡群　种鸡场从 2 月龄开始每月抽检，凡检出为阳性的鸡都予以淘汰。在 120 日龄及种鸡群留种前，用全血玻板凝集反应法对全群逐只进行采血检查，淘汰阳性鸡。间隔 1～2 周后再检查 1 次，彻底淘汰带菌的种鸡。

②严把进雏关　商品鸡场必须严格把好进雏关，购买无垂直传播疫病种鸡场的雏鸡。

（2）对球虫病的预防措施　球虫病主要发生于 3 月龄内的鸡.15～50 日龄最易感染。长年均可发生，但在适于卵囊成熟的 6～7 月份，气温在 22℃～30℃和雨水较多的季节有多发的倾向。发病率和病死率都很高。

由于球虫卵囊的生命力极强，常温下可生存 2 年多，一般的消毒药对它无效。邻二氯苯合剂消毒药虽说对其有效，但其效果也不像对细菌、病毒那么好。因此，要注意做好鸡群的日常管理工作和药物预防。

①日常管理工作

一是对鸡粪和垫草的处理。必须在鸡只全部出舍后进行彻底的清扫，不能将鸡粪和垫草散落在鸡舍内外和路上。采用火干烧能完全杀死鸡粪、垫草中的卵囊，发酵也是好办法。

二是鸡舍内不能有经常积水的地方。

三是由于鸡舍地面消毒时，不可能杀死地面上的卵囊，所以清扫一定要彻底，并将扫出的垃圾混在鸡粪中发酵处理。冲洗鸡舍后，在排水口和污水池中要用稀释 100 倍以上高浓度的消毒药来杀灭，作用时间要超过 6 小时。

四是用煤气喷灯喷烧地面，即用火焰直接烧死卵囊是可行的。但由于效率低，适用于小面积的育雏舍，对大鸡场不太适用。因此，目前对球虫病更多的是药物预防。

②药物预防

一是在使用抗球虫病药物的同时，要加强和改善饲养管理，以提高鸡体的抵抗能力。在管理上可根据球虫病多发生于 15～50 日龄的雏鸡，可将 12 日龄的雏鸡上架饲养。

二是为防止球虫产生耐药性，可采用在短时间内有计划地交替使用抗球虫药的办法。如开始应用抑制第一代裂殖体生殖发育的抗球虫药，以后可换用抑制第二代裂殖体发育的抗球虫药。

三是要掌握药物的作用峰期。作用峰期是指抗球虫药适用于球虫发育的主要阶段。对作用峰期在感染后第一、第二天的抗球虫药，其抑制作用是在球虫的第一代无性繁殖初期和第一代孢子体，抗球虫作用较弱，常用于预防，对产生免疫力不利。而作用峰期在感染后第四天的抗球虫药，即对第二代裂殖体有抑制作用，作用较强，常用于治疗，对机体的免疫性影响不大。在使用中对影响机体免疫力的药物，一般不宜使用过长时间。

③球虫疫苗的应用　由于在球虫药使用上的种种限制以及耐药性的产生，使人们开始转向其他有效的控制球虫病的手段，球虫疫苗以其无药物残留、一次免疫终身的优势逐步得到了养禽业界的注意与认同。

球虫疫苗的种类：目前进入我国市场的主要有 COCCI-VAC 系

列，IMMUCOX 和 LIVACOX 等（表1-3）。球虫疫苗可以分为2类：一类为强毒疫苗，包括 COCCIVAC-B、COCCIVAC-D 和 IMMUCOX 等；另一类为弱毒苗，如 LIVA-COX 等。各疫苗的组成如表1-3所示。

表1-3　国内球虫疫苗的种类及组成

产品名称	毒力	适用品种	组成
COCCIVAC-B	强毒型	种鸡、肉鸡	柔嫩、巨型、堆型、变位
IMMUCOX	强毒型	肉鸡	柔嫩、巨型、堆型、毒害
LIVACOX-T	弱毒型	肉鸡	柔嫩、巨型、堆型
LIVACOX-Q	弱毒型	种鸡	柔嫩、巨型、堆型、毒害

球虫疫苗的使用：球虫疫苗的使用方面，无论强毒株还是弱毒株疫苗，免疫的时间都应尽早进行。由于球虫疫苗产生免疫力要在鸡的体内循环2～3次，需要14～21天才能产生足够的保护力。因此，免疫时间一般在1～5日龄，以便尽可能在野毒感染发病之前建立保护。

接种方法一般采用饮水、喷雾和拌料等。一些公司可以提供1日龄在孵化场使用的喷雾器，因此可以在孵化场对雏鸡进行球虫疫苗的喷雾免疫。在鸡场进行饮水免疫的时候，由于目前的球虫疫苗产品都在疫苗液中添加了稳定剂，因此可以采用常规的饮水免疫方法。

影响因素：与其他疫苗免疫不同的是，球虫疫苗的免疫成功与否，受到如下几个重要因素的影响。

一是垫料的管理。一方面，因为球虫卵囊只有在外界合适的条件下才可以完成孢子化生殖，成为有感染力的卵囊，如完成孢子化生殖要求的外界温度在22℃～28℃、空气相对湿度为70%左右以及充足的氧气等；另一方面，孢子化卵囊在被鸡重复吞食2～3次后，在鸡体内完成2～3次循环才能产生免疫力。因此，在接种完成后，必须对垫料的管理提出特别的要求，如垫料的相对湿度必须达到 50%～60%。另外，在 3～4 周龄鸡群在扩栏时，必须考虑到已混有粪便的旧垫料与新垫料混合，使鸡仍然能接触到混有孢子化卵囊的粪便，利于球虫在鸡体内完成多个生活循环，以建立坚强的免疫。

二是饲料。如果饲料内含有抗球虫药，会对鸡体内球虫疫苗虫株的生活史产生阻碍作用，使产生免疫力所必需的生活史循环中断，从而导致免疫失败。这也是许多球虫疫苗免疫失败的因素。

因此，在球虫免疫后，饲料内绝不能使用抗球虫药。如果使用的是强毒型疫苗，可以适当采取投药的方式控制免疫反应，但也不需要进行治疗；而弱毒型球虫疫苗免疫后无需进行投药控制。

3. 抗生素应用的基本原则和药残的预防

（1）抗生素应用的基本原则

①应选择对病原微生物高度敏感、抗菌作用最强或临床疗效较好、不良反应较小的抗菌药物（表 1-4），切忌滥用。

表 1-4　若干家禽疾病对部分抗生素的选择

病　名	青霉素	红霉素	链霉素	庆大霉素	四环素	强力霉素	洁霉素	大观霉素
鸡白痢			＋	＋	＋	＋		＋
禽霍乱			＋	＋	＋	＋		
鸡伤寒			＋	＋	＋	＋		＋
鸡慢性呼吸道病		＋		＋	＋	＋		
鸡传染性鼻炎		＋	＋	＋	＋			
禽链球菌病	＋			＋	＋		＋	
禽葡萄球菌病	＋	＋		＋	＋		＋	

注：“＋”表示对疾病具有作用。

②为保证得到有效血药浓度来控制耐药菌的出现，治疗时剂量要充足，疗程、用法应适当，切忌滥用。一般在开始用药时剂量宜稍大，以便给病原菌以致命性打击，以后应根据病情适当减少剂量。疗程应充足，一般连续用药 3～5 天，直到症状消失后，再用

药1～2天，以求彻底治愈，避免复发。

③要准确掌握用药量和时间，尽量避免大剂量和长期用药造成的严重不良反应。由于残留药物会对人体健康造成危害，因此一定要严格按照各类抗生素的休药期用药，避免产品对人体造成危害。

由于抗生素对某些活菌苗的主动免疫过程有干扰作用，因此在给鸡只使用活菌苗的前、后数天内，以不用抗生素为宜。

④为防止和延迟细菌耐药性的产生，可以用一种抗菌药物控制的感染就不要采用几种药物联合应用，可以用窄谱的就不用广谱抗生素。还可以有计划地分期、分批交替使用抗生素类药物。

⑤抗生素对病毒感染无效，有时为了防止细菌的继发感染也可慎重使用，但鸡群病情不太严重、病因不明的发热，不宜使用抗生素。在疾病确诊后，有条件的应做药敏试验，可有的放矢地选择最敏感药物，避免盲目用药而贻误治疗。

（2）药残危害的预防　从传统散养向规模化生产的转变，饲养密度提高了1倍，发病率则增加了4倍以上。面对这种肉鸡饲养方式的转变，有的养鸡户为了所谓的"提高成活率"，违规、无序、大量地在饲料中使用激素、抗生素和其他药物添加剂，进行疾病防治，又不按规定在上市前停药，造成鸡肉中残留大量药物。我国每年有近7 000吨饲料药物和抗生素用于动物生产，其中抗生素的年平均消费近6 000吨，它不能为动物完全吸收，约有75%以上甚至更多地以原药及其代谢物的形式经粪、尿排入环境，污染环境，严重地危害人们的身体健康。

随着科学技术的进步和经济的发展，人们越来越重视食品安全，鸡肉的质量特别是其安全性，重点是药物残留量和是否有细菌污染。这已成为难以逾越的技术性贸易壁垒，是产品价格和竞争能力的主要决定因素。

抗球虫药一般用药时间相对较长，它必然会在肉、蛋中有残留，被人们食用后，会直接危害人体健康。所以，按规定在上市前若干天必须停药（表1-5）。

表 1-5 若干抗球虫药的用药量与上市前休药期

药物名称	作用峰期（感染后天数）	一般用药量（‰）	上市前休药期（天）	限制应用
球痢灵	2～4	0.25（连喂 3～5 天） 0.125（预防量）	5	
莫能菌素	2	0.125	3	产蛋鸡
氯苯胍	3	0.03	7	产蛋鸡
盐霉素	4	优素精 0.5 球虫粉 -60 0.7	0	
速丹	2	1.5～9 毫克 / 千克（常用量为 5）	5	

根据欧盟 99/23（EEC）2377/90 指令和日本政府对输日肉鸡药物残留控制要求，下列药物为出口肉鸡禁用药（表 1-6）。

表 1-6 出口肉鸡禁用药名录

序号	药名	序号	药名	序号	药名
1	氯霉素	10	氯丙嗪（冬眠灵）	19	甲硝咪唑
2	呋喃类（包括痢特灵、呋喃唑酮、呋喃西林等）	11	秋水仙碱	20	洛硝达唑
3	马兜铃属植物及其制剂	12	氨苯砜	21	克球粉
4	氯仿	13	二甲硝咪唑（达美素）	22	尼卡巴嗪（球虫净）
5	磺胺 -5- 甲氧嘧啶（球虫宁）	14	磺氨喹噁啉	23	磺胺嘧啶
6	氨丙啉（鸡宝 -20、富力宝、安宝乐）	15	甲砜霉素	24	前列斯叮
7	磺胺间甲氧嘧啶（制菌磺、泰灭净）	16	灭霍灵	25	万能胆素
8	磺胺二甲嘧啶	17	螺旋霉素		
9	噁喹酸	18	喹乙醇（喹酰胺醇、快育诺、痢菌净）		

另外，有部分药品必须在宰鸡前 15 天停用，如大环内酯类（红霉素、泰乐菌素、北里霉素等）、喹诺酮类。

我国政府对食品开始使用 QS 放心食品标志，上海市也对无药物残留的畜禽产品实行"准入制度"。

面对这种严峻的挑战，发展绿色食品已势在必行。国务院早在 1994 年发布的《中国 21 世纪议程——中国 21 世纪人口、环境与发展白皮书》中，将"加强食物安全监测，发展无污染的绿色食品"，列入行动方案中。2001 年 8 月，经农业部审定，开始实施我国 A 级绿色食品的 3 个行业标准。

（二）避免机体自身免疫力的消退

措施是减少应激、改善舍内环境。

饲养密度过大或通风不良的鸡舍，常可蓄积大量的二氧化碳、粪便及垫料腐败发酵产生的有害气体。当鸡舍内氨气含量超过 20 毫克 / 米^3、硫化氢气体含量超过 6.6 毫克 / 米^3、二氧化碳气体含量超过 0.15% 时，进入鸡舍的人员便有刺激眼、鼻和烦闷的感觉。

鸡舍内有害气体含量过高，会刺激呼吸道黏膜，降低抵抗力，使鸡群处于一种亚健康状态，也就是说，是处于健康和疾病之间的一种过渡状态（应激状态）。如果对应激状态听之任之，它有可能发展为疾病；容易感染经呼吸道传播的疾病，如鸡马立克氏病、鸡新城疫、鸡传染性支气管炎、大肠杆菌病和支原体病等。反之，如果重视它，及时消除它，就可以恢复健康。所以，应激对以预防疫病为主的养鸡业具有特别重要的意义。

1. 应激　应激分为 3 个阶段，即警戒期、抵抗期和疲劳期（表 1-7）。处于警戒期（紧急反应阶段）的健康雏鸡，依靠肾上腺皮质激素，能够很好地耐受，但已表现为食欲减退；在抵抗期（适应阶段），肾上腺皮质激素分泌持续亢进，此时已表现为增重停止；当进入疲劳期（衰竭阶段）已导致肾上腺功能障碍，肾上腺皮质激素分泌量极度减少，此时若有病原菌、病毒侵袭，则会由于抵抗力降低而发病，直至死亡。

表1-7　肉用仔鸡在各应激期的生长性能变化

应激各期	肉用仔鸡生长性能变化
警戒期（紧急反应阶段）	食欲减退
抵抗期（适应阶段） 肾上腺皮质激素分泌量增加 ↓强应激 持续应激	增重停止
疲劳期（衰竭阶段） 肾上腺功能障碍 ↓肾上腺皮质激 素分泌量减少 抗病力降低→发病	生长性能降低， 发病致死

　　在集约化饲养和饲养管理紊乱状况下的肉鸡，可以由许多不可避免的因素（应激因素）诱发产生应激。各种应激因素大致可分为以下4种。

　　（1）生理应激　放养的鸡由于自由采食，能平衡地摄食必要的营养物质，因此，肾上腺皮质激素能正常分泌而不引起应激。但是人工喂养的鸡，如果饲料的绝对量不足或养分不平衡，则易使肾上腺皮质激素缺乏而引起应激。

　　在肾上腺中，维生素C参与肾上腺皮质激素的生成，如果营养不足，肾上腺中的维生素C含量减少，会导致生理应激。

　　（2）环境应激

　　①高温或寒冷　是环境因素的一类应激因素。它的影响是明显的，连续高温或寒冷，或反复急剧寒、热袭击，可以使肉用仔鸡生长发育停滞。

　　②鸡舍的贼风和鼠、猫、犬、野鸟的侵入　尤其在冬季，贼风对肉用仔鸡是一个严重的寒冷刺激，结果使采食量增加而体重停止增加。在平面饲养的情况下，雏鸡为取暖而拥挤堆叠，可造成窒息

死亡。

鼠、猫、犬、野鸟窜入鸡舍，除引起鸡群神经质地惊恐外，还有带入传染病和寄生虫的危险。

③通风不良　通风不良可以导致氧气不足、氨气等有害气体浓度增加。如吸入氨气等有害气体而造成的应激，不仅使肉仔鸡生产性能下降，而且容易发生呼吸道病。

④反复的噪声、异常声和突然声响　噪声虽然对肉用仔鸡生长没有影响，但它影响产蛋鸡群的产蛋率。而不定时的断续声响，可以引起对突然声响敏感的肉仔鸡发生群聚而导致压死。所以，要防止突然声响的发生。

此外，连续阴雨造成的湿度加大、饲料中黄曲霉毒素的产生以及大气的污染等，也都是环境的应激因素。

（3）管理应激　由于饲养者不注意或仅为了眼前的利益而造成管理上的失误，这些也都会对肉用仔鸡构成严重的应激。

①密度增加　凡是超过标准饲养密度的都可看做是应激因素。在高密度饲养情况下，不仅鸡的生长性能显著降低，还可能导致疾病，加重鸡的胸囊肿及外伤等残疾的发生。

②不同日龄的鸡混群饲养　在一栋鸡舍内饲养不同日龄的肉用仔鸡时，幼龄鸡由于紧张而处于应激状态。同时，来自年长鸡呼吸道的病原体的传染和寄生虫等，更易加重幼龄鸡的应激。

③水和饲料的突然变化或不足　限制供水1～2周后，鸡的增重立即停止，若长期饮水不足，可明显降低生长速度。因此，必须让鸡自由饮水。改变日粮时要缓慢，逐步进行。

④断喙和捕捉　为防止鸡采食时散落饲料和同类相啄的恶癖，需要进行断喙，但这对肉鸡是一个应激因素。此外，在育雏过程中的不少操作均要捉鸡、转群，这些都会引起应激，稍不注意还容易造成骨折、碰伤，以至屠体降级处理。所以，应慎重对待并尽量减少捕捉次数。

⑤入雏时由于运输、转移造成的应激　初生雏鸡在孵化时常常

受到死胎蛋、出壳后即死亡的雏鸡的污染，加之运输时的污染和运输造成的体力消耗，均构成严重的应激，对肉用仔鸡的生长有明显的影响，而且稍有疏忽就会成为发病的诱因。

（4）**卫生应激**　肉用仔鸡受病原微生物或寄生虫感染而引起的应激，能造成生产上的严重损失。即使部分鸡发病，而大多数鸡处于感染阶段，但整个鸡群的生产性能却下降了。因此，必须采取防病的各种卫生措施，使应激减到最低限度。

①接种疫苗、驱虫投药引起的应激　接种疫苗造成的应激，均出现增重减退乃至停止的反应。

②病毒潜伏感染引起的应激　可使肉用仔鸡的生长能力不能持续充分发挥。

③细菌隐性感染引起的应激　这种隐性感染在鸡体外观上不出现症状，但却持续存在，它对鸡的影响是缓慢的。

④体内外寄生虫的不显性感染所引起的应激　这与细菌的隐性感染相仿，在外观上不出现急剧变化，对鸡的影响是缓慢的。如慢性球虫病，原虫在肠黏膜上皮细胞内分裂增殖，致使细胞失去正常功能，结果导致营养吸收不良，缓慢地阻碍着肉用仔鸡的生长发育。

2. 应激的危害与对策

（1）**应激的主要危害**　应激造成的危害，既有单一的，也有综合的。各种不同的应激源引起鸡全身性反应的称为"全身性适应综合征"。常见的主要危害有以下几点。

一是鸡体发育不良，育成率、存活率低下，产蛋率下降。如高温可使产蛋率下降35%。

二是免疫力下降，发病率增高。密度应激可引起群体应激综合征。在群体应激环境下，鸡对病毒性传染病较敏感，而对细菌性传染病敏感性较低。

三是蛋重减轻，蛋内容物稀薄，蛋壳变薄，破蛋率上升，软蛋率增加。

四是繁殖率下降。热应激影响精子的生成，精液品质变差，受精率降低。

五是由于维生素需求量大幅度增加，容易导致维生素缺乏症。

（2）对应激的调整对策　应激对雏鸡生长发育和免疫功能均有抑制作用，是疾病恶化和增加死亡率的主要因素。应激因素众多，其中有一些是人为的应激，如饲养密度增加、水和饲料的突然变化等，这些可以通过加强管理来消除。但也有一些是避免不了的，如断喙、捕捉、疫苗接种等，应设法减少次数和强度。

为了预防和减少应激的不良后果，可用药物进行调整，一般有以下 3 类药物。

①预防药　能减弱应激因素对机体的作用，如安定镇痛药、安定药、镇静药等。

②适应药　能提高机体的防御力，起缓和与调节刺激因素的作用，如地巴唑、延胡索酸、维生素 C 和刺五加等。

③对症药　是指对抗应激症状的药物。

用于调整应激的药物主要有以下几种。

延胡索酸：可以降低鸡体紧张度，使神经系统的活动恢复正常，用作转群、运输和接种鸡新城疫疫苗时的预防药物。可在发生应激前、后各 10 天内按每千克体重 100 毫克的剂量喂给。

盐酸地巴唑：对平滑肌有解痉作用，可降低动脉压。在雏鸡转群时按每千克体重 5 毫克的剂量投喂，每天 1 次，连喂 7～10 天。

维生素制剂：能提高鸡对应激因素的抵抗力。用量为常用剂量的 2～2.5 倍。复合维生素的抗应激作用较明显。在日粮中添加维生素 C，有助于减轻如断喙、转群等应激因素的有害影响。维生素 C 能改善应激因素对鸡免疫的影响，还能增强鸡对细菌和病毒性疾病的抵抗能力。最好的办法是在应激因素发生之前，在鸡的饮水中添加 1 000 毫克 / 升的维生素 C。

由于维生素既可用作适应药，又可用作应激预防药，因此目前已广泛应用高剂量维生素预防鸡的应激（表 1–8）。

表1-8　肉用仔鸡处在正常和应激期中维生素推荐量的对比

维生素种类	0～8 周		8 周以上	
	正　常	应激期	正　常	应激期
维生素 A（单位/千克）	10 000	20 000	5 000	15 000
维生素 D_3（单位/千克）	550	1 000	550	1 000
维生素 E（单位/千克）	5	20	2.2	20
维生素 K_4（毫克/千克）	2	8	2	8
硫胺素（毫克/千克）	2	2	2	2
核黄素（毫克/千克）	4	6	4	6
泛酸（毫克/千克）	13	20	12	20
烟酸（毫克/千克）	33	50	25	40
吡哆醇（毫克/千克）	4	4	3	4
生物素（毫克/千克）	0.12	0.12	0.12	0.12
胆碱（毫克/千克）	1 300	1 300	1 100	1 100
叶酸（毫克/千克）	1.2	1.5	0.35	1
维生素 B_{12}（毫克/千克）	0.01	0.02	0.006	0.01

　　鸡常见的应激因素与应用药物见表1-9。

表1-9　鸡常见的应激因素与应用药物

应激因素	用药时间	药　物
转群、运输、接种	应激前后各 10 天内 应激后 7～10 天 应激前预防	延胡索酸 盐酸地巴唑 维生素 C
捕捉、采血	应激前后 3～5 天	维生素制剂
热应激、密度应激	发生热应激反应时 发生应激反应前后 发生应激反应时	杆菌肽锌盐 维生素 C 维生素 E
环境应激	发生应激反应时 发生应激反应前	维生素 E 维生素 C
断喙、噪声、惊慌	应激后 1.5 小时	利血平
管理制度（笼养、平养、网上平养）		B 族维生素和维生素 K

3. 鸡舍内部环境的改善　可以采取综合性的管理调控措施，如改变饲养方式，使温度、湿度和通风调节到与肉鸡日龄和环境相适应的程度，维持适宜的光照强度和持续时间，检查空气质量（氨气和灰尘），避免拥挤或饲养过量，检查饮水质量，定期更换垫料，提供栖木等。另一方面是提高规模化肉鸡养殖场的设施装备水平，如舍内温湿度监测、空气质量监测系统。

近年来，正压管道送风技术已被成功地应用到鸡舍内，即采用暖风机和热风炉，将引进舍内的新鲜空气经加热后再送到鸡舍内。这样，可以把供热和通风相结合，解决鸡舍冬季保温与通风的矛盾，从根本上改善寒冷季节鸡舍内的环境。一般 4 000～5 000 只规模的标准化鸡舍应安装扇叶直径为 125 厘米的风机至少 2 台。

湿帘降温纵向通风技术经过多处种鸡场推广应用，均取得良好的效果。夏季舍内平均降温达 5℃～9℃，舍外气温越高，空气相对湿度越小，降温效果越好。密闭鸡舍通风量一般为每千克活重 7～9 米³/时，非密闭鸡舍通风量为每千克活重 15 米³/时。湿帘面积必须符合标准，它等于通风量与风速之比。

湿帘最佳安装设计应在夏季主风迎风面的墙上，排风扇在相对应的另一面墙上；在纵向通风鸡舍中，湿帘安在迎风端的墙上，或者两侧墙面上，风扇安在另一端。在舍内禽背高度处的空气流速为 1.5～2 米/秒最好。如果鸡舍过长（在 100 米以上），湿帘应安装在两端，而将风扇放在鸡舍中部，会达到更好的降温效果。4 000～5 000 只规模的标准化鸡舍，应在鸡舍纵向进风口（前端）每侧安装 1.8 米×4 米的湿帘降温设施。

正压过滤式通风系统在过滤粉尘微生物方面效果亦明显。

各种设施的使用，可以更有效地控制和改善肉鸡的饲养环境，减少对肉鸡的应激和伤害，这样不仅能减少鸡群发病，而且可以提高产品的质量和安全。

五、强化全局性、必要的卫生防疫手段

（一）确立全进全出的饲养制度

全进全出的饲养制度，其一是要求一个鸡场或至少是一幢鸡舍，只养同一品种、同一年龄组的鸡，同时进舍，同时出舍，其目的是为了防止不同品种、不同年龄组鸡之间的相互传染。其二是从出售后到下次再进雏鸡之前，鸡舍在清洗、消毒后一定要空置一定的时间，这可以有效地切断病原微生物的增殖环节或继续感染，是切断传染病传播途径的有效手段。如有些饲养单位，在一群肉鸡生产周期结束后，从淘汰清理、冲洗消毒、封闭熏蒸完毕，到下一群苗雏进舍，坚持留有2个月的空舍期，其目的就是要切断病原微生物的传染链。

一些肉鸡生产者认为，空舍会影响经济收入。但从长期效果来讲，较高的死亡率和较低的生产性能会导致较高的成本浪费。最好将停舍的时间延长一点，绝不要冒险仓促饲养新一批肉鸡。

要想彻底根除传染源，生产者应充分利用自然资源，如光照、烘干、雨水、空间和时间。

根据《标准化肉鸡养殖基地建设标准》对空舍期的要求，在"五统一"（统一供应雏鸡，统一供应饲料，统一供应药物，统一防疫消毒，统一收购屠宰）的基础上，从上一批鸡至出栏彻底清洗、消毒工作完毕到下一批开始饲养的间隔时间，空舍期一般为15～21天。这是一个硬性规定的饲养制度。

鸡舍腾空（空舍）的时间愈长，存活的致病因子就愈少。重要的是，在一批次或一栋鸡舍的肉鸡出售后，应立即对鸡舍、用具等进行彻底的清洗消毒，它是预防和扑灭鸡传染病的重要手段。

所以，采用"全进全出"的饲养制度是预防肉鸡传染病、提高肉鸡的成活率和产出效益的最有效措施之一。

（二）改善饲养环境，做好粪污的无害化处理

要正确处理好发展与环境保护的关系，就必须对粪便进行处理和利用，使其无害化、减量化、资源化，减少对环境的污染，是肉鸡标准化规模养殖的重要内容。2014 年 1 月"畜禽规模养殖污染防治条例"的施行，推进了畜禽养殖废弃物的综合利用和无害化处理，有利于保护和改善环境，保障公众身体健康，促进畜牧业持续健康发展。

据称，2007 年畜禽粪污化学需氧量（COD）排放量已达 1268.3 万吨，占全国 COD 总排放量的 41.9%。肉鸡养殖所产生的粪便因含有大量的有害物质和病原微生物，并散发恶臭，不进行有效处理则污染严重。

现将粪污无害化处理的相关内容介绍如下。

1. 干燥处理制作有机肥　鸡粪干燥处理是一种物理方法，有太阳能干燥处理和机械干燥处理方法两种。

（1）太阳能干燥处理　将鸡粪摊铺在水泥地坪上或搭建的简易塑料大棚里，厚度一般为 6～10 厘米，定期进行翻晒，每天翻动 3～5 次，利用太阳能和塑料大棚中形成的温室效应，对鸡粪进行自然干燥。平铺在水泥地坪上的鸡粪为防雨淋，可用塑料薄膜覆盖。直至晒干后用筛子去除杂物，放在干燥处贮存，作为有机肥待用。

（2）机械干燥处理　使用专门鸡粪干燥机械，将含水量 60% 的鲜鸡粪，通过去杂、净化、高温烘干、浓缩粉碎、消毒灭菌、分解去臭等工序，烘干而成为干鸡粪。此时鸡粪的含水率在 13% 以下，便于储藏待用。这种方法具有速度快，处理量大，消毒、灭菌、除臭效果好等优点，缺点是加工成本较高。

鸡粪"发酵—烘干"处理综合配套设施（含尾气除臭净化装置）与干燥造粒一体化是有机无机颗粒肥料生产工艺与设备相结合，集太阳能大棚和槽式发酵于一体，与鸡粪高温快速烘干设备相集成；以化学氧化为主、吸附为辅的综合除臭处理工艺，解决了尾

气达标排放难题。利用造粒设备，将有机肥料的干燥和有机无机复混肥造粒及最终干燥一体完成。该设备节约能源，成球率高，成品肥料流动性好。

2. 微生态发酵制作高效生物有机肥　采用鸡粪为主要原料，将适用于原料降解腐热除臭的菌类，如纤维分解菌、半纤维分解菌、木质素分解菌和高温发酵菌、固氮微生物、解磷微生物和芽胞杆菌等微生物复合活菌制剂添加到鸡粪中。添加量根据产品的活菌种类和数量而异，一般为 0.2%～1%。然后，在搭建的简易发酵棚中，将拌好微生物复合活菌制剂的鸡粪，堆成 2 米宽、1.5 米高的长垄。每 10 天左右翻堆 1 次，45～60 天即可腐熟。可作为高效生物有机肥。其生产工艺流程为配料接种、发酵、干燥粉碎、筛分、包装等。这种方法处理的鸡粪属于生物肥料，营养功能强，安全无害，具有较高的利用价值。

3. 用堆肥法将死亡鸡只制成有机肥　用石棉瓦或玻璃钢瓦做顶棚，内建有类似粮仓的圆形或方形筒仓。底层为秸秆，再铺上一层较厚的厩肥（亦可用鸡粪及垫草），其后一层死鸡、一层秸秆、一层厩肥，堆满为止，最后用一层锯末封顶。相对湿度保持 55%～60%。一般堆 14～17 层，在大型养禽场可连续进仓 12～16 个月。应用该方法可获得满意的堆肥温度，一般经过 1 个夏季让其充分发酵。出仓后作改良土地的优质肥料。

4. 利用鸡粪生产沼气　在厌氧环境中，鸡粪中的有机质水解和发酵生成混合气体沼气，其主要成分是甲烷（占 60%～70%）。沼气可用于取暖、照明、燃气等。其方法是将新鲜鸡粪进行脱毛沉沙，初步处理后入沼气池（沼气池的大小根据鸡粪量的多少确定）发酵产气。这种方法生产费用低，节约能源，但发酵周期长。

5. 焚烧产热发电　鸡粪中碳、氢含量分别为 25.59%～30.40% 和 3.62%～3.53%，具有很好的燃烧性能，其低位发热量平均值在 10.45 兆焦／千克左右，约是一般原煤的 50%。据报道，鸡粪发电最早出现在英国。美国某公司以鸡粪为原料发电，每年燃烧 70 万吨鸡粪，产生 55 兆瓦电能。

6. 鸡场的污水处理　经机械分离、生物过滤、氧化分解、滤水沉淀等环节处理后，可循环使用。既减少了对鸡场的污染，节约了开支，又有利于疫病的防治。

（三）发生疫病时的扑灭措施

第一，及早发现疫情并尽快确诊。鸡群中出现精神沉郁、减食或不食、缩颈、尾下垂、眼半闭、喜卧不愿运动、腹泻、呼吸困难（伸颈、张口呼吸）等症状的病鸡，此时应迅速将疑似病鸡隔离观察，并设法迅速确诊。

第二，及时将病死鸡从鸡舍取出并隔离病鸡，对污染的场地、鸡笼进行紧急消毒。严禁饲养人员与工作人员串舍来往，以免扩大传播。

第三，停止向本场引进新鸡，并禁止向外界出售本场的活鸡，待疾病确诊后再根据病的性质决定处理办法。

第四，病死鸡要深埋或焚烧，粪便必须经过发酵处理，垫料可焚烧或做堆肥发酵。

第五，对全场的鸡进行相应疾病的紧急疫苗接种。对病鸡进行合理的治疗，对慢性传染病病鸡要及早淘汰。

第六，若属烈性传染病，必须立即向当地行政主管部门上报疫情。对发病的鸡群应全群扑杀，深埋后彻底消毒、隔离。

六、生物安全饲养的典范——SPF 鸡群的建立

SPF 鸡是指生长在屏障系统或隔离器中，没有国内外流行的鸡主要传染性病原，具有良好的生长和繁殖性能的鸡群。SPF 种蛋是用来制作生物制品、疫苗用的。

据悉，我国 SPF 鸡群的饲养，始于 20 世纪 80 年代。1985 年，山东省家禽研究所利用国产设施和美国的 SPF 种蛋，成功地培育出我国第一个 SPF 鸡群。90 年代以后，中国兽药监察所、北京实验动

物中心、乾元浩南京生物药厂、北京梅里亚维通实验动物技术有限公司、中国农业科学院哈尔滨兽医研究所等多家单位先后建立了一定规模的 SPF 鸡群。到 2006 年，中国 SPF 鸡群生产能力约为 1245 万个。为了保证疫苗生产原材料的质量，提高检验数据的准确性，2007 年 2 月，中国兽药监察所公示了《SPF 鸡场验收评定标准》，规范了 SPF 鸡的饲养管理。

SPF 鸡群的饲养，采用全进全出制，全封闭人工环境下塑料网上平养方式。从种蛋进鸡场进行孵化、育雏、育成、产蛋直到全群淘汰，均在一个鸡舍中完成。为了有效地控制疾病的发生，鸡舍通常采用正压高效过滤系统。使鸡群在整个饲养阶段处于相对隔离的洁净的生物安全环境下，保障鸡群的 SPF 状态。

SPF 鸡场屏障系统，包括改善饲养环境、配备隔离消毒设施、制定并实施卫生防疫制度等 3 个方面。三者在屏障系统的维持方面认为：要从根本上消灭病原，切断疫病传播的链条，将病原拒之门外，就必须最大限度地发挥消毒剂在控制环境污染和疫病传播方面的作用，关键是做好各个环节的卫生消毒工作。

表 1-10 是 SPF 鸡场与普通鸡场主要的隔离和消毒措施的比较。

表 1-10　SPF 鸡场与普通鸡场主要的隔离和消毒措施

类别	序号	SPF 鸡场	普通鸡场
场舍隔离	1	周边 5 千米范围内无饲养场	距离村镇和其他鸡场 500 米以上
	2	供电正常、交通方便	供电正常、交通方便
	3	类似监狱，四周设围墙和防疫沟	类似监狱，四周设围墙和防疫沟
	4	生活区和饲养区严格分开	生活区和饲养区严格分开
	5	水源充足良好，排水畅通无交叉	水源充足良好，排水畅通无交叉
	6	在一个鸡舍内孵化、养鸡和产蛋	种鸡场、孵化室和蛋鸡场间隔 500 米以上
	7	鸡舍间距 30 米，出风口不相互影响	鸡舍间距 30 米

续表 1-10

类别	序号	SPF 鸡场	普通鸡场
场舍隔离	8	没有解剖室	焚烧炉、解剖室和粪便处理场在下风处
	9	饲料闭封双层袋装，3 次消毒后进鸡舍	用槽罐车直接将饲料送入鸡舍饲料塔
	10	鸡舍大门和生产区入口有消毒池，鸡舍入口有消毒脚池	鸡舍大门和生产区入口有消毒池，鸡舍入口有消毒脚池
	11	鸡场入口、生产区入口和鸡舍入口有淋浴间和更衣消毒室	生产区入口和鸡舍入口有淋浴间和更衣消毒室
	12	清洁道与污染道不交叉混用	清洁道与污染道不交叉混用
	13	深井水经过滤和消毒后进入鸡舍。不用垫料	深井水用管道直接送到鸡舍。垫料库设在生产区和生活区交界处
	14	每个鸡舍都有卫生间。不对外卖雏鸡	每个鸡舍都有卫生间。通过孵化室的窗口对外发售雏鸡
	15	鸡舍全封闭	鸡舍密闭
人员隔离	16	饲养员吃住在鸡舍	饲养员吃住在鸡场
	17	饲养员不准在家养鸡和鸟	饲养员不准在家养鸡和鸟
	18	生产区谢绝参观	生产区谢绝参观
	19	经许可访问者在鸡场门口淋浴更衣	经许可访问者在鸡场门口换鞋
	20	非生产人员不准进入饲养区	非生产人员不准进入饲养区
	21	人员定点定舍工作，不越区串舍	人员定点定舍工作，不越区串舍
	22	换区工作前应淋浴消毒更衣	换区工作前应淋浴消毒更衣
设备隔离	23	各鸡舍配备专用的车辆和设备	各鸡舍配备专用的车辆和设备
	24	设备和用具转区使用前应消毒	设备和用具转区使用前应消毒
	25	非生产用物品不准带入饲养区	非生产用物品不准带入饲养区
	26	塑料蛋盘仅用于鸡舍和蛋库之间的周转	塑料蛋盘仅用于鸡舍和蛋库之间的周转
操作隔离	27	"全进全出"制度	"全进全出"制度
	28	任何人 1 天之内不准进 2 个鸡舍	任何人 1 天之内不准进 2 个鸡舍
	29	衣服、胶鞋分区穿，各区不准相串	衣服胶鞋分区穿，各区不准相串
	30	运污染物和运清洁物的车辆分开	运污染物和运清洁物的车辆分开

续表1-10

类别	序号	SPF 鸡场	普通鸡场
人员消毒	31	大门口淋浴更衣，场内隔离5天，生产区和鸡舍淋浴更衣。不接鸡	大门口换鞋，生产区和鸡舍淋浴更衣。接鸡前淋浴更衣
	32	消毒双手的消毒液每天更换1次	
	33	所有衣服定区洗涤	防疫衣服消毒后洗涤
	34	进鸡舍前要更换工作服，脚踏消毒池	进鸡舍前要更换工作服，脚踏消毒池
	35	进鸡舍前要消毒双手	进鸡舍前要消毒双手
	36	人员不准在净道和污道相串	人员不准在净道和污道相串
车辆消毒	37	车辆使用前应清洁消毒	车辆使用前应清洁消毒
	38	参观人员所乘车辆不准入内	参观人员所乘车辆不准入内
	39	外来车辆不准进场	外来车辆进场应冲洗消毒车体和底盘
	40	内部车辆不准外出	内部车辆出场运输，返回时应消毒
	41	饲养区的车辆不准出饲养区	饲养区的车辆不准出饲养区
环境消毒	42	消毒液定期更换	消毒液定期更换
	43	每日下班应消毒工作间、淋浴间和更衣室	
	44	沐浴间每周冲洗消毒1次	
	45	每次进、出鸡舍都喷雾消毒更衣1次	每次进出鸡舍都喷雾消毒更衣1次
	46	场内道路每天消毒1次	场内道路每天消毒1次
	47	清粪完毕打扫污道，用漂白粉消毒	清粪完毕打扫污道，用漂白粉消毒
鸡舍消毒	48	清除杂物，拆洗器具	清除杂物，拆洗器具
	49	冲洗鸡舍，无污物、鸡粪和鸡毛。不刷漆	冲洗鸡舍，无污物、鸡粪和鸡毛。用油漆粉刷墙壁和门窗1次
	50	对整个鸡舍喷雾消毒	对整个鸡舍喷雾消毒
	51	连续用多聚甲醛消毒新鸡舍3次	用40%甲醛消毒新鸡舍1次
	52	淘汰时鸡粪一次性做农家肥料处理	粪便在场外处理池厌氧发酵处理

续表 1-10

类别	序号	SPF 鸡场	普通鸡场
物品消毒	53	一切物品先清洗后消毒 2 次后进鸡舍	蛋盘浸泡后进入生产区
	54	饲料不可存放过久，以防霉变。不洗刷	饲料不可存放过久，以防霉变。饲料槽每天洗刷消毒 1 次
饮水消毒	55	饮水经过 0.2 微米过滤	饮水卫生干净
	56	水中的含氯量为 2～3 毫克 / 千克。不洗刷	每升饮水中添加 0.1 克的百毒杀。饮水器和水槽每天洗刷消毒 1 次
带鸡消毒	57	每周带鸡消毒 2 次 不售雏 不运雏	每周带鸡消毒 2～3 次 疫情期间每天 1 次 出壳前消毒孵化室 接雏箱要消毒 发售雏鸡的场所要干净 运雏车辆要消毒
空气消毒	58	空气经过三级过滤后进入鸡舍	不过滤
	59	鸡舍内能保持一定的正压（60 帕）	不要求正压
其他消毒	60	不转群 种蛋喷雾消毒	转群前后车体、笼具要冲洗消毒 种蛋喷雾消毒

　　饲养 SPF 鸡群的目的是获取 SPF 种蛋，其用途是由这些没有传染病源的种蛋作原材料制备各种免疫疫苗，所以在这些鸡群的饲养过程中是绝不能发生疫病的，更不能接种相关的疫苗，因此它的饲养环境要求是非常高的。SPF 鸡场靠的是完善的综合饲养管理体系和生物安全措施，达到完全控制疫病的目的是其 SPF 鸡群饲养成功的关键。

　　当然，普通鸡场也不必强求 SPF 鸡场的屏障条件，但其中绝大部分饲养管理技术是普通养鸡业的常规技术，只是一般鸡场没有高度重视，丢掉了"防"字，轻视了"防"字，没有做到"防重于治"。一般鸡场在"隔离"和"消毒"方面的漏洞主要有：防疫意识淡薄，制度形同虚设，防疫制度不健全，消毒、隔离设施不配套，鸡舍（鸡场）过于集中，没有纱窗，消毒池（盆）不充分利用，污染物品走净道，进入鸡舍不洗手，不更换衣服等。

正是这种防疫意识的淡薄、卫生消毒工作的不落实等，使得高致病性传染病可以乘虚而入，增加了养鸡业的风险程度，但我们只要参照 SPF 鸡场的防疫标准，从管理员到产业链的每一个环节都转变观念，落实各个环节的卫生消毒工作，况且它还可以通过接种相关疫苗来提高整个鸡群的保健防病水平，因此肉鸡业生产的风险程度是可以降到最低的。

第二章

正确利用杂种优势

　　种瓜得瓜，种豆得豆。好种出好苗，好苗结好果，鸡种的选用是肉用仔鸡饲养业首先要确定的第一位重要的大事。可是充斥着一些假冒伪劣、炒种者声响的苗雏供应市场，给养鸡户的选择增加了不小的难度。是要"名、特、优"苗雏呢？还是价格"便宜"的？要"进口"的鸡种呢？还是"土草鸡"雏……诸如此类，到底应该怎么选？鸡种的"优势"在哪儿？选什么才是正确的呢？

一、杂种优势现象的正确运用

（一）鸡种资源利用的深度与生产力发展水平相适应

　　早期，作为肉鸡饲养的是一些体型大的鸡种，如淡色婆罗门鸡、九斤黄鸡及诸如芦花洛克、洛岛红、白色温多顿等兼用品种。此外，还有白来航公鸡与婆罗门母鸡的杂交种。自 20 世纪 30 年代开始运用芦花洛克公鸡（♂）与洛岛红母鸡（♀）杂交一代生产肉鸡，犹如我国在 20 世纪 60 年代利用浦东鸡与新汉县鸡的杂交一代进行肉鸡生产一样，主要利用鸡品种间的杂交优势来进行肉用仔鸡的生产。运用体型大的标准品种或其杂交种进行肉鸡生产，是肉鸡生产发展初期的鸡种特点。

　　20 世纪 50 年代后，一些发达国家开始将玉米双杂交原理应用于家禽的育种工作中，特别着眼于群体的生产性能提高。采用新的育种方法育成许多纯系，然后采用系间的多元杂交，经测试后，汇集各系的优势于一配套系统内生产出的商品型杂交鸡，其生产性能整齐划一，且比亲本提高 15%～20%。

前者是庭院式饲养的延伸产品，所选用的鸡种，其中不少是观赏式的选择，着重于外观漂亮、体型肥大的类型，前期作产蛋母鸡用，待产蛋期结束后作老母鸡煨汤供食用。这种庭院式的饲养方式，许多都采用有抱性的老母鸡来抱孵一窝小鸡供自家散养在院内，日常供家人食用，若有剩余才供应市场。它仅是"鸡的饲养"，很少考虑鸡种的产蛋量和肉用性能的提高，其实质是"自给自足"经济形态下的"鸡的饲养"，因为它不考虑市场的需求，更谈不上所谓肉鸡产业的生产力发展，所以它处于肉鸡生产力水平的最低层级。

而后者却是集约化饲养下的工业化商品，以供应市场的需求为目的，它追求产品的品质，要求在极短的生产周期内产出丰厚的、鲜嫩的鸡肉产品，以满足人们日常消费需求。批量大、产品一致性好是工业化生产形态的特色，而这恰恰就是"配套杂交系统"形成的商品代肉鸡所独有的秉性。"配套杂交系统"巧妙地利用了"杂种优势"所提供的红利，它是商品经济充分发展的必然产物。

因此，"杂种优势"的利用是在更深层次上对"鸡种资源"的利用，它使得肉鸡业的生产力发展领先于其他畜牧行业，成为肉鸡业快速发展的种源基础。

（二）配套杂交商品肉鸡种的魅力

发达国家的工业化生产为什么都推崇这种配套杂交商品肉鸡种？尤其在配套杂交商品肉鸡种盛行的当下，了解相关的知识，可以帮助我们在引种时判别真伪，去假存真，有效地把控引种的关键。

1. 配套杂交商品肉鸡种的制种体系介绍

（1）制种体系示意图 见图 2-1。

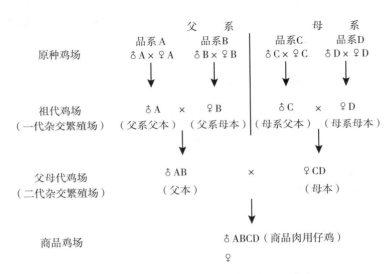

图 2-1 配套杂交商品肉鸡制种体系模式示意图

（2）名词及符号图例解释 配套杂交商品肉鸡制种体系模式示意图表示的是商品肉鸡是由配套杂交而成。

①该示意图表示的是"配套杂交商品肉鸡"由 4 个专门化品系（品系 A、品系 B、品系 C、品系 D），4 个层级鸡场（原种鸡场，祖代鸡场，父母代鸡场及商品鸡场），配套杂交（第一级杂交及第二级杂交）所组成的商品肉鸡的制种体系，简称为"配套杂交商品肉鸡"，其商用名称更为简洁，如美国 A.A 肉鸡公司提供的称为 A.A 肉鸡，加拿大星波罗肉鸡公司提供的称为星波罗肉鸡。普通的肉鸡养殖户只需引进相当于该示意图中商品鸡场引进的商品肉用仔鸡饲养即可。

②各级鸡场的名称已明确标注在示意图的最左侧，它们的功能在其同一横行的右侧有图例，各级鸡场的功能细述如下。

原种鸡场： 首要的是 4 个专门化品系的纯繁，如图例中的 ♂ A × ♀ A，就是用品系 A 的公鸡（♂）与品系 A 的母鸡（♀）交配（×）。由于这种交配是在同一品系内发生的，所以称其为纯繁。

第二个任务是向祖代鸡场提供♂A作父本，♀B作母本，♂C作父本，♀D作母本用，所谓"提供"的示意符号是紧靠在交配符号×正下方的输送符号↓。

祖代鸡场：要严格按配套模式完成父系系统的第一级杂交（♂A×♀B）和母系系统的第一级杂交（♂C×♀D）。由于此时的交配是发生在不同品系之间，所以称其为杂交，其后代就是杂种。

第二个任务是将所产生的杂种后代AB中只留下♂，杂种CD中只留下♀，提供给父母代鸡场作第二级杂交时用。

其余的杂种后代即AB♀与CD♂均做淘汰处理。

父母代鸡场：要严格按祖代鸡场提供的♂AB与♀CD进行第二级杂交。

其次是将杂交所产生的ABCD四元杂交的雏鸡，不论公雏与母雏全供商品鸡场。

商品鸡场：进行肉用仔鸡的饲养供商品用。商品代的肉用仔鸡均不能再自繁留作种用。否则，将因近亲繁殖而出现退化导致生产性能参差不齐和下降。

③何谓父系和母系，就是依第二级杂交时，提供公鸡（图例如♂AB）一方的相关品系为父系系统（简称为父系），而提供母鸡（图例如♀CD）一方的相关品系为母系系统（简称为母系），所以品系A和品系B就属父系，而品系C和品系D就属于母系。示意图中在品系B和品系C之间有一条竖线，就表示在竖线的左侧为父系而右侧为母系系统。

"父系系统"与"母系系统"的差别还在于在选择育种时，父系系统的品系更着重于生长速度方面的改善，而母系系统的品系则着重于产蛋性能的提升。

父本和母本就是为杂交时提供♂的一方为父本，提供♀的一方为母本。

2. 实现了"生产速度"与"繁殖性能"在生产实践中的完美统一 要选育一个鸡种（品种或品系）既生长速度快，又要繁殖性能高，这几乎是不可能的，因为生长速度与繁殖性能在遗传上是反相关，也就是说，选育的结果可能是生长速度快了而繁殖性能低了，或是繁殖性能高了而生长速度慢了。可是这个难题在引进鸡种中迎刃而解，这是因为引进鸡种采用了"配套杂交"构成的"体系"，它是一个系统，配套是紧密的，涉及 4 个层级的鸡场，它们分工明确、各司其职，而不同的品系完成不同的职责，有父本和母本的配合，有父系和母系的配套，它们汇集了各方的优势于同一体系内，使得"生产速度"和"繁殖性能"这两个原本在遗传上呈反相关的性状在生产实践中达到了完美的统一。

正因为如此，星波罗父母代种鸡入舍母鸡（64 周）产蛋数可以达到 168～178 枚，而由它们进行第二级杂交时，由于二级杂交父本的生长速度和第二级杂交的"杂交优势"使产生的商品代肉用仔鸡的生长速度 56 日龄可达到 2.17 千克。

3. 制种体系的增殖效果巨大，为工业化生产奠定了种源基础　肉用种鸡是肉用仔鸡业发展的基础。目前，它的繁殖能力已提高到专门化品种父母代种鸡一个世代生产商品雏 140 只左右。肉用仔鸡专用种的繁殖，一般由原种（品系）繁殖、一级杂交（祖代鸡增殖）、二级杂交（父母代鸡增殖）及商品代种蛋的孵化所构成。祖代种鸡及父母代种鸡的繁殖性能（以星波罗鸡为例）分别见表 2-1 和表 2-2。

表 2-1　星波罗祖代 B 系、D 系种鸡生产性能

项　目	母系雌鸡♀ D	父系雌鸡♀ B
开始产蛋时（25 周）体重（千克）	2.59～2.78	2.70～2.90
产蛋率 50% 时周龄	27～28	29～30
产蛋高峰时周龄	31～33	31～33
入舍母鸡（62 周）产蛋数（枚）	144～152	113～119
入舍母鸡可孵种蛋数（蛋重 >54 克）（枚）	133～140	94～98
平均孵化率（%）	76～79	67～72

续表 2-1

项　目	母系雌鸡♀D	父系雌鸡♀B
初生父母代种雌雏／入舍母鸡（只）	51～55（a_1）	—
初生父母代种雄雏／入舍母鸡（只）	—	31~35（a_2）
育成期（7～24周）死亡率（%）	7～10	7～9
产蛋期（24～62周）死亡率（%）	8～11	8～11

表 2-2　星波罗父母代（CD）种鸡生产性能

项　目	数　据
20周龄体重（千克）	1.94～2.11
24周龄体重（千克）	2.47～2.65
达50%产蛋率周龄	27～28
产蛋高峰周龄	30～33
入舍母鸡（64周）产蛋数（只）	168～178
入舍母鸡种蛋数（蛋重>52克）（只）	158～166
平均孵化率（%）	84.0～86.5
每一入舍母鸡出雏数（只）	138～144（d）
生长期（1～24周）死亡率（%）	3～5
产蛋期（24～64周）死亡率（%）	6.5～9.5

①从表 2-1 中可以看到，祖代的母系雌鸡（即 D 系母鸡）62 周内可以得到入孵种蛋 133～140 枚，孵化率为 76%～79%，一般可以得到 101～110 只雏鸡，由于制种所需 D 系只要母鸡，而在 101～110 只雏鸡中只有大约一半为小母雏，加之在育成期的死亡数等，所以 D 系母鸡为繁殖父母代（CD）作种用时，它的增殖倍数只能为 50 倍左右（a_1）。

②从表 2-2 中可见，1 只 CD 单交种母鸡 64 周可产 158～166 枚种蛋，按 84%～86.5% 的孵化率算，可产生 133～144 只商品代苗雏［140 倍（d）］。

③从表2-1、表2-2可见，1只D系母鸡由制种形成单交种CD系母鸡时增殖为50倍（a_1），而CD系母鸡的64周繁殖系数为140（d），两者相乘就是1只D系母鸡经二级杂交后的增殖倍数（7000倍）。

这种二级杂交的制种体系，使1只祖代母系母鸡经过二级杂交产生7000倍的后代，可见其繁殖系数之大，为商品代肉鸡的工业化规模生产奠定了种源基础。

（三）什么是杂种优势

在上节的图示中已了解了杂交是指不同品系之间的交配，而杂种则是经杂交之后产生的后代称为杂种。

杂种优势这个名词，把杂种和优势连在了一起，因而被一些人误解为凡是杂种就有优势，或者说，只要有杂交就有优势现象出现。其实不然，优势是品系之间配合能力程度的表现，它要能表现出优势，是要有一定条件的，而且有时杂交还会出现劣势。同时，即使有优势，也有大与小、强与弱之分。正因为如此，就要对各品系之间的配合能力进行测定以确定杂种优势的有无、大小和强弱。比较它们的生产性能，不仅要看哪一个杂交组合的生产性能比杂交的亲本好，还要看比亲本好的杂交组合中，哪个组合的优势现象最明显。杂种优势是指杂种在抗逆性、繁殖性能、生长速率等生产性能优于其父本和母本品系的现象。

所以，绝不是乱杂乱配都能应用到生产中去的。而是由配合力测定后确认为有"杂种优势"的杂交组合才能被利用，这是现代肉鸡效益的潜力所在。

二、肉用鸡种资源

近20年来，我国从国外引进的10多个肉鸡配套品系，为我国发展肉用仔鸡业提供了有利的条件。但是，我国幅员辽阔，地方鸡种资源丰富，在优良的肉用仔鸡专用种尚未覆盖全国的情况下，一些边远地区利用当地的优良地方鸡种，或者是利用引进少量选育的专门化品系与当地优良的地方鸡种杂交，也是可取的。

（一）配套杂交商品肉用鸡种

1. 从国外引进若干配套杂交商品肉鸡的生产性能 采用2～4个专门化的肉用品种或品系间配套杂交进行肉用仔鸡的生产，是当前国际上肉用仔鸡生产的主流。表2-3仅列举了若干从国外引进的专门化肉用仔鸡鸡种及其商品代的生产性能，可供参考。引种时应向供货方索要最新资料。

表2-3　若干商品肉用仔鸡的生产性能　（单位：千克）

国　别	鸡种名称	项　目	42 天	49 天	56 天	63 天	特　色
美 国	A·A鸡	体 重	♂2.0 ♀1.72	♂2.5 ♀2.11	♂2.99 ♀2.49	♂3.46 ♀2.85	
		耗料比	1.73～1.79	1.89～1.95	1.95～2.07	2.11～2.18	
荷 兰	海布罗鸡	体 重	1.59	1.95	2.32	2.69	
		耗料比	1.84	1.96	2.08	2.20	
英 国	罗斯1号鸡	体 重	1.67	2.09	2.50	2.92	伴性遗传快、慢羽
		耗料比	1.89	2.01	2.15	2.28	
加拿大	星波罗鸡	体 重	1.49	1.84	2.17	2.54	
		耗料比	1.81	1.92	2.04	2.15	
法 国	伊莎（明星）鸡	体 重	1.56	1.95	2.34	2.73	伴性遗传矮脚
		耗料比	1.80	1.95	2.10	2.28	
澳大利亚	狄高TM70鸡	体 重	♂1.95 ♀1.69	♂2.42 ♀2.06	♂2.89 ♀2.43		黄羽
		耗料比	1.84	1.96	2.09		

注：体重未注明公（♂）母（♀）者，均为公母平均数据。

2. 我国"六五""七五"期间培育的黄羽肉鸡配套杂交体系 引进鸡种的商品代生长速度快，饲料转化率高，但肉质欠佳。

为此，由农业部主持，组织北京、江苏、上海等单位科技人员协作攻关，在"六五""七五"期间，培育出苏禽85、海新等黄羽肉鸡配套杂交体系。其特点是：①大多采用三元（3个品系）杂交生产商品肉鸡；②以其第一级杂交的后代作母本再进行第二级杂交时，可根据市场的需求，变更第二级杂交的父本，即可得到不同羽色（白羽或黄羽）、不同生长速度的快速型白羽肉鸡（8周龄体重1.5千克以上）、黄羽肉鸡（70日龄体重1.5千克）和优质型黄羽肉鸡（90日龄体重1.5千克）；③配制生产优质型的黄羽肉鸡时，所选用的第二级杂交父本大多是我国优良的地方鸡种，所以其杂交后代具有三黄鸡特色——骨细、皮下脂肪适度并有土鸡风味。

由我国地方黄羽鸡种与引进肉鸡品种杂交选育而成的肉鸡配套系有石岐鸡新配套系、新兴黄鸡2号和岭南黄鸡。

（1）**石岐鸡新配套系**　产于广东省中山市。母鸡体羽麻黄，公鸡红黄羽，胫黄，皮肤橙黄色。30周龄公鸡体重3.15千克，母鸡体重2.65千克。商品鸡10周龄体重1.38千克，耗料3.96千克，肉料比为1∶2.89；14周龄体重1.95千克，耗料6.37千克，肉料比为1∶3.27。

（2）**新兴黄鸡2号**　抗逆性强，能适应粗放管理，毛色、体型匀称。父母代24周龄开产，体重2.2千克，66周产蛋共计163枚，可提供126只雏鸡。商品代鸡10周龄体重1.55千克，肉料比为1∶2.7。

（3）**岭南黄鸡**　具有生产性能高、抗逆性强、体型美观、肉质好和"三黄"特征。父母代500日龄产蛋量150～180枚，可提供100～146只雏鸡。商品鸡分为70日龄、90日龄和105日龄体重达2千克重的3种类型，它们的肉料比分别是1∶2.8、1∶3和1∶3.5。

（二）我国优良肉鸡品种资源

我国肉鸡品种资源丰富，以其肉质鲜美而闻名于世。国际上育成的许多标准品种，如芦花鸡、奥品顿、澳洲黑等兼用品种，大多有我国九斤黄、狼山鸡的血缘。近20年来风行于我国南北的石岐杂优质黄羽肉鸡，亦是以我国优良地方鸡种惠阳鸡为主要亲本，与外来品种红色科尼什、新汉县、白洛克等进行复杂杂交选育而成的商品肉用鸡种。现将我国部分优良肉用鸡种简介如下。

1. 惠阳鸡

（1）**产地**　主要产于广东省东江地区博罗县、惠阳市、惠东县、龙门县等。素以肉质鲜美、皮脆骨细、鸡味浓郁、肥育性能好而在港澳活鸡市场久负盛誉，售价很高。

（2）**外貌特征**　惠阳鸡胸深背短，后躯丰满，跖短，黄喙，黄羽，黄跖，其突出的特征是颌下有发达而张开的细羽毛，状似胡须，故又名三黄胡须鸡。头稍大，单冠直立，无肉髯或仅有很小的肉垂。主尾羽与主翼羽的背面常呈黑色，但也有全黄色的。皮肤淡黄色，毛孔浅而细，宰后去毛其皮质显得细而光滑。

（3）**生产性能**　在放牧饲养条件下，一般青年小母鸡需经 6 个月才能达到性成熟，体重约 1.2 千克。但此时经笼养 12～15 天，可净增重 0.35～0.4 千克，料肉比为 3.65∶1。经前期放养、后期笼养肥育而成的肉鸡，品质最佳，鸡味最浓。

惠阳鸡的产蛋性能低，就巢性强，一般年产蛋 70～80 枚，蛋重平均 47 克，蛋壳呈米黄色。

2. 石岐杂鸡

（1）**产地**　该鸡种于 20 世纪 60 年代中期由我国香港渔农处和香港的几家育种场，选用广东的惠阳鸡、清远麻鸡和石岐鸡改良而成。为保持其"三黄"外貌、骨细肉嫩、鸡味鲜浓等特点，改进其繁殖力低与生长慢等缺点，曾先后引进新汉县、白洛克、科尼什和哈巴德等外来鸡种的血缘，得到了较为理想的杂交后代——石岐杂。它的肉质与惠阳鸡相仿，而生长速度及产蛋性能均比上述 3 个地方鸡种好。到 20 世纪 70 年代末，已发展成为我国香港肉鸡的当家品种，且牢牢占领了港、澳特区的活鸡市场。

（2）**外貌特征**　该鸡种保持着三黄鸡的黄毛、黄皮、黄脚、短脚、圆身、薄皮、细骨、肉厚、味浓的特点。

（3）**生产性能**　母鸡年产蛋 120～140 枚，青年小母鸡饲养 110～120 天，平均体重在 1.75 千克以上，公鸡在 2 千克以上，全期肉料比为 1：3.2～3.4。青年小母鸡半净膛屠宰率为 75%～82%，胸肌占活重的 11%～18%，腿肌占活重的 12%～14%。

3. 清远麻鸡

（1）**产地**　产于广东省清远市一带。它以体型小、骨细、皮脆、肉质嫩滑、鸡味浓而成为有名的地方肉用鸡种。

（2）**外貌特征**　该鸡种的母鸡全身羽毛为深黄麻色，脚短而细，头小，单冠，喙黄色，脚色有黄、黑两种。公鸡羽毛深红色，尾羽及主翼羽呈黑色。

（3）**生产性能**　年产蛋量 78～100 枚。成年公鸡平均体重 1.25 千克，成年母鸡平均体重 1 千克左右。母鸡半净膛屠宰率平均为 85%，公鸡为 83.7%。

4. 桃 源 鸡

（1）**产地**　产于湖南省桃源县一带。它以体型大、耐粗放、肉质好而为民间所喜养。

（2）**外貌特征**　公鸡颈羽金黄色与黑色相间，体羽金黄色或红色，主尾羽呈黑色。母鸡羽色分黄羽型和麻羽型两种，其腹羽均为黄色，主尾羽、主翼羽均为黑色。喙、脚多为青灰色。

（3）**生产性能**　桃源鸡早期生长慢且性成熟晚。年平均产蛋 100～150 枚，平均蛋重 53 克。成年公鸡体重为 4～4.5 千克，成年母鸡体重为 3～3.5 千克。桃源鸡属于重型地方鸡种。

5. 萧 山 鸡

（1）**产地**　产于浙江省杭州市萧山区一带。是我国优良的肉蛋兼用型地方鸡种。

（2）**外貌特征**　萧山鸡体型较大，单冠，喙、跖及皮肤均为黄色。羽毛颜色大部分为红、黄两种。公鸡偏红羽者多，主尾羽为黑色；母鸡黄色和淡黄色的占群体的 60% 以上，其余为栗壳色或麻色。

（3）**生产性能**　早期生长较快。母鸡开产日龄为 180 天，年产蛋 130～150 枚，蛋重 50～55 克。成年公鸡体重 3～3.5 千克，成年母鸡体重 2～2.5 千克。肥育性能好，肉质细嫩，鸡味浓。缺点是脚高、骨粗，胸肌不丰满。

6. 新浦东鸡

（1）**产地** 新浦东鸡是上海市于 1971 年采用浦东鸡与白洛克、红色科尼什进行杂交育种，经比较几种杂交组合之后选出的最优组合。

（2）**生产性能** 新浦东鸡 70 日龄公、母平均体重达 1.5 千克左右，保存了体型大、肉质鲜美等特点，提高了早期生长速度和产蛋性能，体型、毛色基本一致，是一个遗传性基本稳定的配套品系。

7. 鹿 苑 鸡

（1）**产地** 产于江苏省张家港市鹿苑镇一带。

（2）**外貌特征** 喙黄、脚黄、皮黄，羽色以淡黄色与黄麻色两种为主，躯干宽而长，胸深，背腰平直。公鸡的镰羽短，呈黑色，主翼羽也有黑斑。

（3）**生产性能** 母鸡平均年产蛋 126 枚，性成熟早，开产日龄为 184 天（150～230 天），蛋重 50 克左右。据测定，公鸡体重平均为 2.6 千克，母鸡体重平均为 1.9 千克。属体型大、肉质鲜美的肉用型地方优良品种。

8. 北京油鸡

（1）**产地** 产于北京市的德胜门和安定门一带。相传是古代给皇帝的贡品。

（2）**外貌特征** 因其冠毛（在头的顶部）、髯毛和跖毛甚为发达而俗称"三毛鸡"。油鸡的体躯小，羽毛丰满而头小，体羽分为金黄色与褐色两种。皮肤、跖和喙均为黄色。成年公鸡体重约为 2.5 千克，成年母鸡体重为 1.8 千克。

（3）**生产性能** 初产日龄约 270 天，年产蛋 120～125 枚，就巢性强，蛋重 57～60 克。皮下脂肪及体内脂肪丰满，肉质细嫩，鸡味香浓，是适于后期肥育的优质肉用鸡种。

我国地方良种鸡很多，除上述品种外，尚有河南省的固始鸡，山东省的寿光鸡，内蒙古自治区、山西省的边鸡，贵州省的贵农黄鸡，东北地区的大骨鸡，辽宁省的庄河鸡和江苏省的狼山鸡等。

（三）养鸡户引种过程中的一些偏差

我国肉鸡业生产中有很大一块还倚重于农村专业户的小农经济形态，应该是刚刚摆脱了自给自足的庭院经济的思想束缚，开始走入商品经济的时代，因此固有的惯性思维和习俗、喜好等都影响着我们的行为，加之一些不良供种商贩为追逐不当利润而故意炒作，搞了许多花样翻新的花招，致使饲养户上当、受骗、吃亏。主要现象如下。

一是目前饲养的良种肉用鸡大多是由国外引进的父母代种鸡所繁殖、生产的雏鸡，由于引进渠道各异，鸡种来源繁杂，甚至有的在各鸡种间随意乱配，造成大量劣质雏鸡、杂鸡充斥市场。这是良种化管理不规范给养鸡户带来的雏鸡市场雾里看花，越看越糊涂的乱象。

二是不了解、也不清楚现代肉鸡鸡种的繁育体系及不同鸡场的制种任务。有的购买了祖代鸡场、父母代鸡场的雏鸡用于商品生产。有的地方甚至将商品肉鸡生产中长得快的上市销售，而将长得慢的鸡留下继续自繁，结果造成后代肉鸡生长速度等各项性能参差不齐，表现出性能的极度退化。

三是在饲养的品种上没有做深入的市场调查和可行性论证，对不同鸡种的生产、销售、市场及效益等缺乏认真细致的考虑，片面追逐所谓的"名、特、新、奇"，轻信炒种者设置的圈套。

四是种雏选择上一味追求价格便宜，忽视了生产性能等因素对效益的影响。雏鸡市场因许多小鸡场、小炕坊的纷纷参与，竞争日趋激烈，由于追求价格低廉，造成了种蛋、种雏的来源复杂，甚至有的将商品代蛋用鸡（经雌雄鉴别后）的公雏充当肉用雏鸡，鱼目混珠，充斥雏鸡市场。

五是由于种蛋来源复杂，雏鸡的母源抗体水平差异很大，因而容易造成免疫失败。也有少数炕坊为节约成本，对种群、雏鸡不防疫。一些不了解实情而又贪便宜的养殖户购买了这些雏鸡后，常发生诸如鸡白痢等对鸡群危害极大的传染病。

（四）鸡种资源利用应遵循的基本原则

1. 商品经济讲究的是效率和效益　而配套杂交商品肉鸡由于充分运用了"杂种优势"所给予的红利，其生长速度快、饲料报酬高、生长周期短等都明显地高于其他各种肉鸡种源。其产出效益最高，不仅优于其他肉鸡品种，而且也是畜牧业中效益的佼佼者。因此，作为工业化规模生产的首选应该是配套杂交的商品肉鸡。要严格按照制种模式配套杂交，饲养其二级杂交产生的商品代肉苗雏进行生产。

2. 市场讲究的是对路　我国幅员广阔，生产力水平发展也不平衡。据了解，鸡肉消费的地域差异明显，尤其在广东、广西、福建、浙江、江苏、上海等南方地区，特别钟爱优质的黄羽肉鸡。广东及我国港澳地区还有喜爱食用"项鸡"的习俗。2007年我国饲养的黄羽肉鸡达40亿只，产肉量为360万吨。国内肉鸡消费量的50%来自于优质黄羽肉鸡和肉质独特的土种鸡。所以，肉鸡业的生产要与市场相适应，走多元化的道路以适应市场多元化的需求，这样生产者才能有效益。

3. 我国地方鸡种资源的保存与开发利用　我国幅员辽阔，鸡种遍及各地。从南方的暖亚热带到北方的寒温带，从东海之滨到青藏高原，由于自然生态、经济条件各异，经过长期人工选择，鸡种繁多，特征多样，首批列入家禽品种志的优良地方鸡种有27个，其中23个品种是肉蛋兼用型。这是我国乃至全世界所瞩目的家禽育种的基因库，是一笔宝贵的财富。但大多数地方鸡种生产水平低下，一般年产蛋70～90枚，4～5个月才能长到1.5千克左右，对饲养和保存这些地方鸡种的保种鸡场来说，经济效益差。如何既保住鸡种，不至于流失，又发挥其优质的肉用性能，达到增值的效果呢？江苏省家禽研究所在 20 世纪 80 年代曾经用长期选育而成的隐性白羽白洛克品系（80 系）作父本，分别与诸如浙江省的萧山鸡、江苏省的鹿苑鸡、太湖鸡、如皋鸡等地方优良鸡种进行杂交。这种经济杂交方法简单易行，杂交后代的毛色酷似地方鸡种，生长速度又普遍比地方鸡种快 30%～50%，70～80 日龄达 1.5 千克即可上市，肉质鲜嫩可口，经济效益明显。

这种做法，基本上不增加设备投资，但要安排好地方鸡种的保存（纯繁）和利用（杂交）的时间。例如，每年的新种鸡开产后，即 2～5 月份先搞纯繁。然后更换公鸡（只需更换公鸡的费用，由于母鸡群没有变更，所以没有必要增添其他任何设施），从 6～12 月份都搞杂交利用。如果前期保种需要时间较短，也可提前搞杂交。这就有效地提高了地方鸡种蛋的利用效率和价值，即把 5～6 月份以后原本用作商品的蛋转变为种用蛋使用。这种方法简单易行，花销很少，又加快了黄羽肉鸡的繁殖。

这种做法的大前提是，首先要把地方鸡种保住，然后是既满足了市场上对优质型黄羽肉鸡的需求，又提高了优良地方鸡种及其保种鸡场的经济效益。千万切记：地方鸡种有其保存的价值，保存是第一位的，只有保存好了，才可能予以充分开发利用。开发利用的目的，是为了更好地对鸡种进行保存。如果一味地只讲"开发利用"或将自己的原种都卖出去了，或将原种乱杂乱配，其结果非但得不偿失，更严重的后果是将祖宗留下的宝贵财富在我们手上葬送了。

4. 必须向有资质和具有合格证照的供种单位引种　了解供种单位的资质，具有《种鸡场验收合格证》和《种鸡生产许可证》等具有向外供种资质的证明文件。

了解所引鸡种的适应能力以及各项生产性能指标和免疫过程。

了解供种单位的服务水平，包括售前、售中和售后服务，并签订有法律效用的相关合约。

第三章
推行科学的配合饲料

　　饲料是肉鸡生产的最基本要素之一，它是肉鸡生存的必需条件。可是在使用饲料方面的盲目性和随意性随处可见。表现如下：

　　百年来老太太式的养鸡习俗就是一把稻子、一把谷子，有啥喂啥的方式，就是随意性的典型。不少养鸡户采用单一饲料，有啥吃啥；有些养鸡户使用小麦、稻谷代替玉米；有的为节约成本，自配饲料，但由于缺乏专业知识，配制的饲料质量难以保证；动、植物性饲料搭配不合理；矿物质失衡，经常出现钙大大超量，磷严重不足；有的只是象征性地添加一些多种维生素。

　　一些养鸡户出于对饲料质量的疑虑，明明已购买的是全价饲料，饲喂时还要加喂鱼粉、鱼干、蚕蛹和鱼肝油等，造成各营养要素间的失衡。由于求高产心切，过分重视营养浓度。往往同时从两家以上的饲料厂购料，再混合饲喂。

　　有的养鸡户盲目地选择饲料，过分频繁更换饲料。对一个厂家的饲料用一段时间后感觉不理想，马上就更换另一厂家的饲料，更换后还觉得不理想就再更换。殊不知饲料的频繁更换，会引起鸡只的应激反应。

　　一些养鸡户为了降低饲料成本，选用了一些低营养浓度的不合格的产品，结果不但没有降低生产成本，反而还带来经济损失。

　　所以，外购的饲料一定要来自于有生产、经营许可证，或审查登记证的单位。饲料产品要有批准文号，且有合格的检测报告。

必须依据肉鸡生长各阶段对营养的需要和各种饲料原料的营养成分，平衡日粮营养浓度，进而科学地、有目的地对饲料进行配合，了解饲料配制的相关技巧，科学饲喂配合饲料。

一、肉鸡的营养需要及各种饲料原料的营养价值

（一）肉鸡的营养需要

1. 肉鸡所需各种营养元素的作用

（1）**能量**　能量是肉鸡主要的营养元素，是维持生命活动的基础。在配合日粮时，首先要满足能量需要，调整好能量蛋白比，能量与维生素、矿物质比等。剩余能量将转化成脂肪储备。

鸡有"为能而食"之说，为了获得每天所需要的能量，鸡可以在一定范围内随着饲料能量水平的高低而调节采食量，高能日粮吃少些，低能日粮吃多些。利用鸡有自行调节其采食能量的本能，在雏鸡阶段饲喂低能量饲料，就可以锻炼其多采食的习惯，扩充其嗉囊，在以后的饲养中几乎可以采食到标准规定的能量水平。这对于蛋白质饲料资源缺乏或价格昂贵的地区是可以一试的。

（2）**蛋白质**　蛋白质是维持生命、修补组织、生长发育的基本物质，饲料中的蛋白质进入鸡体后，消化分解成多种氨基酸，参与机体各种代谢，因此蛋白质营养就是氨基酸营养，日粮必须满足肉鸡的 12 种必需氨基酸。日粮中蛋氨酸、赖氨酸和色氨酸供应不足会限制日粮蛋白质的有效利用率，它们是肉鸡日粮的限制性氨基酸。

谷类饲料中缺少赖氨酸，而豆类饲料则缺少蛋氨酸，因此植物性蛋白质饲料在鸡体内一般仅有 20%～30% 能被转化为体蛋白，其余的就转为热能散发，如果添加动物性蛋白质饲料补充上述氨基酸，可以提高植物性蛋白质饲料利用率。

因此，配合全价饲料必须满足氨基酸平衡。当机体能量不足时蛋白质可转化成能量，但十分不经济。

（3）**脂肪** 饲料中的脂肪，在鸡体的消化道中需经消化分解成甘油和脂肪酸后被吸收利用，参与机体各种代谢。它是鸡体内最经济的能量贮备形式，需要时可转化成热能。

一般饲料中的脂肪含量都能满足鸡的需要。提高日粮能量水平往往要添加脂肪才能达到，而且脂肪在饲养上的特殊效果也正日益为人们所注意。从表 3-1 中可明显看到，添加油脂大大提高了肉用仔鸡的生长速度以及能量与蛋白质的利用率。

表 3-1 在不同蛋白质水平日粮中添加与不添加油脂对肉用仔鸡生长的影响

红花籽油的添加率	含 15% 粗蛋白质日粮		含 25% 粗蛋白质日粮	
	3 周龄体重（克）	饲料消耗比	3 周龄体重（克）	饲料消耗比
不添加油的基础饲料组	210 ± 6	2.11	287 ± 8	1.69
添加 1%	232 ± 9	2.00	302 ± 6	1.66
添加 2%	248 ± 9	1.96	321 ± 8	1.62
添加 4%	258 ± 9	2.01	323 ± 10	1.60
添加 8%	264 ± 9	1.94	319 ± 8	1.55

（4）**维生素** 维生素是鸡体新陈代谢中所必需的物质，其需要量极微，它控制和调节物质代谢，是代谢过程中的活化剂和加速剂。所以，一旦缺乏或长期供应不足就会表现出食欲减退，对疾病抵抗力降低，雏鸡生长不良，死亡率增高，种鸡产蛋率减少，受精率下降，孵化率降低等不良现象。

关于维生素的需要量，实践证明，无论是美国的 NRC 标准还是我国的饲养标准都太低，特别是鸡在应激状态下。以美国 A·A 鸡为例，20 年间商品肉鸡饲养到 6 周龄的公、母鸡平均体重从 1 570 克增至 2 355 克，增长 50%；同期饲料转化率从 1.8 降到 1.73，相应的维生素需求量也随之发生较大的变化（表 3-2）。

表 3-2　不同年代 A·A 肉鸡生产性能及生长中期维生素需要量

项　目	1980 年	2000 年
6 周龄体重（克）	1 570	2 355
饲料转化率	1.80	1.73
维生素 A（国际单位 / 千克）	6 600	9 000
维生素 D_3（国际单位 / 千克）	2 200	3 300
维生素 E（国际单位 / 千克）	8.8	30.0
维生素 K_3（毫克 / 千克）	2.2	2.2
维生素 B_1（毫克 / 千克）	1.1	2.2
维生素 B_2（毫克 / 千克）	4.4	8.0
泛酸（毫克 / 千克）	11.0	12.0
烟酸（毫克 / 千克）	33.0	66.0
维生素 B_6（毫克 / 千克）	1.1	4.4
生物素（毫克 / 千克）	0.11	0.20
叶酸（毫克 / 千克）	0.66	1.00
胆碱（毫克 / 千克）	500	550
维生素 B_{12}（毫克 / 千克）	0.011	0.022

（5）无机盐　无机盐又称矿物质。无机盐是鸡体组织和细胞特别是形成骨骼最重要的成分，某些微量元素还是维生素、酶、激素的组成成分，在鸡体内起调节血液渗透压、维持酸碱平衡的作用，对维持鸡的生命和健康是不可缺少的。

无机盐营养元素都存在过量危害的问题，特别是微量元素，稍许过量就会呈毒性反应，最易发生中毒的有硒、钠、铜、锰、钙、磷、锌等，病症有食盐中毒、骨硬化、结石、骨畸形、胚胎畸形、孵化率下降等。所以，在配合饲料时，应按饲养标准、饲料的相应含量添加，并根据鸡体的需要均衡地连续供应。添加时，最好采用逐步扩散的方法搅拌均匀。

钙、磷对鸡的生长、产蛋、孵化等都有重要的作用，它们是鸡体内含量最多的常量元素，体内 99% 的钙和 80% 以上的磷都储存在鸡的骨骼中。鸡骨骼的灰分中含钙 37%、磷 18%～19%，钙磷比例约为 2：1。

钙能帮助维持神经、肌肉和心脏的正常生理活动，维持鸡体内的酸碱平衡，促进血液凝固。

钙是产蛋鸡限制性的营养物质，足够数量的钙能保证优质蛋壳。蛋中钙来自饲料和身体两个方面，饲料中的钙只有 50%～60% 可被鸡吸收。嗉囊和骨骼是钙的储存库，但其储存能力有限，不管每天钙的采食量有多高，能储存的钙每天只有 1.5 克。过量的钙质被排出体外，高钙日粮鸡产蛋壳上有白垩状沉积和两端粗糙。当日粮中钙不足时，母鸡在短期内可动用体内储存的钙，如不及时补充，鸡的食欲减退，逐渐消瘦，严重时产软壳蛋，甚至完全停产。

不同时期的各类鸡对钙的需要量：雏鸡、肉用仔鸡和后备鸡的日粮中钙的水平为 0.6%～1%，产蛋母鸡日粮则为 3%～4%。

磷对鸡的骨骼和身体细胞的形成，对糖类、脂肪和钙的利用以及蛋的形成，都是必需的。

鸡能利用天然饲料中有机磷总量的 30%。鸡体内许多新陈代谢活动、能量转化等都需要磷，在各类鸡的日粮中对总磷的需要量都是 0.6%。如磷过多，会降低蛋壳质量；低磷日粮可促进钙的吸收，增加蛋壳厚度，但也不能过低，否则会引起产蛋疲劳综合征而大批死亡。

为保证钙、磷的吸收利用，一方面应让鸡多晒太阳，增加维生素 D 的供应；另一方面日粮中钙、磷用量应按下列比例供应：雏鸡、肉用仔鸡及育成鸡为 1.2～1.5：1，产蛋种鸡为 5～6：1。如供钙过多，或钙磷比例不当，或缺乏维生素 D，都会影响产蛋量。

豆科牧草含钙多，谷物类、糠麸、油饼含磷多，青草、野菜含钙多于磷，贝壳粉、石灰石含钙多，骨粉、磷酸钙等含钙和磷都多，是鸡最好的钙、磷补充饲料。

（6）水　水是鸡体组成的重要成分。它是一种溶剂，很多化合物容易在水中电解。在消化道中，水是转运半固体食糜的中间媒介。血液和淋巴液中的水，将营养物质吸收和转运到体内各个组织，又把代谢的废弃物输送和排出体外。水又参与鸡体内的许多生化反应，有机化合物的合成和细胞的呼吸过程，在调节体内热平衡、维持体温正常方面作用重大。初生雏鸡体内含水分约75%，成年鸡含55%以上。所以，与其他营养成分相比，水是鸡体中需要量最大的养分。鸡体耐受缺水的能力远比耐受缺乏其他营养物质的能力差，脱水20%时可致死亡。

2. 肉鸡的各种营养需要量　饲养标准是设计饲料配方的重要依据。但是，无论哪种饲养标准都只是反映了肉鸡对各种营养物质需求的近似值，加上随着研究的进展以及肉鸡的生产实践和发展，饲养标准也不可能一成不变。由于目前我国大部分白羽肉鸡都由国外引进，因此要根据种鸡公司提供的最新的该鸡种的营养需要来配制，切忌生搬硬套。我国2004年颁布的中华人民共和国农业行业标准《鸡饲养标准》（NY/T 33—2004）见附录。

附录一、附录二中所表述的是白羽肉用仔鸡以及黄羽肉用鸡在不同时期的营养需要，据此配制而成的各种营养物质间符合一定比例的饲料是平衡日粮。采用这种平衡日粮饲喂肉鸡，才可能满足鸡对各种营养物质的需要，取得好的效益。

（二）肉鸡常用的饲料资源及其营养价值

1. 饲料资源及其适用性

（1）**能量型饲料资源**　在使用能量饲料时，必须参照营养需要和其他因素予以考虑。例如，大麦虽然比玉米便宜，可是它适口性差，而且用量过多时，会增加鸡的饮水量，造成鸡舍内过多的水汽。小麦副产品的体积较大，当需要较高营养浓度时，就不能多用，否则采食量和生产性能会受到影响。因此，在能量饲料中首推玉米，它可占日粮的60%左右。

①玉米　含淀粉最丰富，是谷类饲料中能量较高的饲料，可以

产生大量热量和蓄积脂肪，适口性好，是肉用仔鸡后期肥育的好饲料。黄玉米比白玉米含有更多的胡萝卜素、叶黄素，能促进鸡的蛋黄、喙、脚和皮肤的黄色素沉积。玉米中蛋白质含量少，赖氨酸和色氨酸也不足，钙、磷偏低。玉米粉可作为维生素、矿物质预先混合时的扩散剂。玉米最好磨碎到中等粒度，颗粒太粗，微量成分不能均匀分布；颗粒太细，会引起粉尘和硬结，而且会影响鸡的采食量。

②小麦　是较好的能量饲料，但在日粮中含有大量磨细的小麦时，容易黏喙和引起喙坏死现象。因此，小麦要磨得粗一些，而且在日粮中只能占 15%～20%。

③高粱　含淀粉丰富，脂肪含量少。因含有鞣质（单宁），味发涩，适口性差。喂高粱会造成便秘以及鸡的皮肤和爪的颜色变浅。故配合量宜在 10%～20%。

④大麦　适口性比小麦差，且粗纤维含量高，用于幼雏时应去除壳衣。用量在 10%～15%。

⑤碎米　碾米厂筛出的碎米，淀粉含量很高，易于消化，可占日粮的 30%～40%。

⑥米糠　是稻谷加工的副产品。新鲜的米糠脂肪含量高达 16%～20%，粗蛋白质含量为 10%～12%。雏鸡喂量在 8%，成年鸡喂量在 12% 以下为好。由于米糠含脂肪多，不利于保存，贮存时间长了，脂肪会酸败而降低饲用价值。所以，应该鲜喂、快喂，不宜作配合饲料的原料。

⑦麸皮　含能量低，体积大而粗纤维多，但其氨基酸成分比其他谷类平衡，B 族维生素和锰、磷含量多。麸皮有轻泻作用，用量不宜超过 8%。

⑧谷子　营养价值高，适口性好，含核黄素多，是雏鸡开食常用的饲料。可占日粮的 15%～20%。

⑨红薯、胡萝卜与南瓜　属块根和瓜果类饲料，含淀粉和糖分丰富，胡萝卜与南瓜含维生素 A 丰富，对肉用鸡有催肥作用，可加速鸡增重。为提高其消化率，一般煮熟饲喂，可占饲料的 50%～60%。

（2）蛋白质型饲料资源　大多数蛋白质类型饲料都由于氨基酸的不平衡而在使用上受到限制。也有的由于钙、磷的含量问题在用量上受到限制。豆饼（粕）和鱼粉一般作为蛋白质源饲料的主要组成部分，但某些鱼粉由于含盐量过多，用量也受到限制。

①植物性蛋白质饲料

豆饼（粕）： 是鸡常用的蛋白质源饲料。一般用量在 20% 左右，应防过量造成腹泻。在有其他动物性蛋白质饲料时，用量可在 15% 左右。

用生黄豆喂鸡是不可取的。因为生黄豆中含有抗胰蛋白酶等有害物质，对鸡的生长是不利的，其含油量高也难以被鸡利用。所以，生黄豆必须采用炒熟或蒸煮来破坏其毒素，同时还可以使其脂肪更好地被鸡吸收利用。

花生饼（粕）： 含脂肪较多，在温暖而潮湿的空气中容易酸败变质，所以不宜久贮。用量不能超过 20%，否则会引起鸡消化不良。

棉籽（仁）饼： 棉籽带壳榨油的称棉籽饼，脱壳榨油的称棉仁饼，因含有棉酚，不仅对鸡有毒，而且还能和饲料中的赖氨酸结合，影响饲料中蛋白质的营养价值。

使用土法榨油的棉仁饼时，应在粉碎后按饼重的 2% 重量加入硫酸亚铁，然后用水浸泡 24 小时去毒。例如，1 千克棉仁饼粉碎后加 20 克硫酸亚铁，再加水 2.5 升浸泡 24 小时。而机榨棉仁饼不必再做处理。棉仁饼用量均应控制在 5% 左右。

菜籽饼： 含有硫葡萄糖苷毒素，在高温条件下与碱作用，水解后可去毒。但雏鸡以不喂为好，其他鸡用量应限制在 5% 以下。

饼类饲料应防止发热霉变。否则，将造成黄曲霉污染，其毒性很大。同时，还要防止农药污染。饲喂去毒棉籽饼、菜籽饼的同时，应多喂青绿饲料。

②动物性蛋白质饲料　动物性蛋白质饲料可以平衡饲料中的限制性氨基酸，提高饲料的利用率，并影响饲料中的维生素平衡，还含有所谓的未知生长因子。

鱼粉：是鸡的理想蛋白质补充饲料。限制性氨基酸含量全面，尤以蛋氨酸和赖氨酸较丰富，含有大量的 B 族维生素和钙、磷等矿物质，对雏鸡生长和种鸡产蛋有良好作用。但价格高，增加饲料成本，一般用量在 10% 左右。肉鸡上市前 10 天，鱼粉用量应减少到 5% 以下或不用，以免鸡肉有鱼腥味。

目前，某些土产鱼粉中含盐量高、杂质多，甚至有些生产单位还用鸡不能吸收的尿素掺在质量差的鱼粉中，用来冒充含蛋白质量高的优质鱼粉，购买时应特别注意。

血粉：含粗蛋白质 80% 以上，含丰富的赖氨酸和精氨酸。但不易被消化，适口性差，所以日粮中只能占 3% 左右。

蚕蛹：脂肪含量高，应脱脂后饲喂。由于蚕蛹有腥臭味，会影响鸡肉和蛋的味道。用量应控制在 4% 左右。

鱼下脚料：人不能食用的鱼下脚料用于饲料。应新鲜运回，避免腐败变质。必须煮熟后拌料喂。

羽毛粉：蛋白质含量高达 85%，但必须水解后才能用作鸡饲料。由于氨基酸极不平衡，所以用量只能在 5% 左右。除非用氨基酸添加剂进行平衡，否则不能增加用量。

（3）青绿饲料资源是鸡日粮中维生素的主要来源 青绿饲料含有丰富的胡萝卜素、维生素 B_2、维生素 K 和维生素 E 等多种维生素，还含有一种能促进雏鸡生长、保证胚胎发育的未知生长因子。它补充了谷物类、油饼类饲料所缺少的营养。

常用的青绿饲料有胡萝卜、白菜、苦荬菜、紫云英（红花草）等。雏鸡时期的用量可占 15%～20%，成鸡时期的用量可占 20%～30%。

如没有青绿饲料时可用干草粉代替。尤其是苜蓿草粉、洋槐叶粉中的蛋白质、无机盐、维生素含量较丰富，苜蓿草粉里还含有一些类似激素的营养物质，可促进鸡的生长发育。1 千克紫花苜蓿干叶的营养价值相当于 1 千克麸皮，1 千克干洋槐叶粉含有可消化蛋白质高达 140～150 克。松针叶粉含有丰富的胡萝卜素和维生素 E，对鸡的增重、抗病有显著效果。它们是鸡的廉价维生素补充饲料。

肉用仔鸡用量可占日粮的 2%～3%，产蛋鸡用量可占日粮的 3%～5%，但饲喂时必须由少到多，逐步使其适应。

①使用青绿饲料的注意事项　青绿饲料要新鲜，不能用腐烂变质的菜叶等，以防亚硝酸盐、氢氰酸中毒。

青绿饲料要清洗、消毒。使用未沤制鸡粪作肥料的青饲料，要水洗后用 1∶5 000 的高锰酸钾水漂洗，以免传染病和寄生虫病扩散传播。施用过农药的青饲料要用水漂洗，以防农药中毒。

青绿饲料要搭配饲喂。最好用 2～3 种不同的青绿饲料混合饲喂，这样营养效果更好。

②调制干草（树叶）粉注意事项　及时收集落叶阴干粉碎，防止因采摘鲜叶而影响树木生长，破坏绿化成果。调制干草粉应采用快速或阴干的方法，防止变黄和霉烂变质，风干后即可加工成干草粉。

（4）配合饲料中各类饲料比例　见表 3-3。

表 3-3　配合饲料中各类饲料可占的比例　（％）

饲料种类		用　量	
		雏　鸡	成　鸡
能量饲料	谷物饲料（2～3 种或以上）	40～70	30～50
	糠麸类饲料（1～2 种）	5～10	20～30
	根茎类饲料（以 3∶1 折算代替谷物饲料用量）	20～30	30～40
蛋白质饲料	植物性蛋白质源饲料（1～2 种）	10～20	10～15
	动物性蛋白质源饲料（1～2 种）	8～15	5～8
青绿饲料	干草粉	2～5	2～5
	青饲料（按精料总量加喂）	25～30	25～30
添加剂	无机盐、维生素	2～3	3～5

2. 各种饲料资源的营养价值 饲料资源的营养成分及其营养价值是制定饲料配方的一个重要依据。附录三提供了鸡的常用饲料成分及营养价值的有关数据。

二、配合饲料及饲料配制技巧

（一）配合饲料与平衡日粮

1. 使用配合饲料优点

（1）单一饲料所含养分不能满足鸡的营养需要 传统的"有啥喂啥"的饲养习惯是养不好鸡的。老太太式一把稻子、一把谷子的养鸡习俗，一般都以廉价的单一的稻谷、玉米或高粱喂鸡，这些饲料蛋白质含量很低，在鸡体内被氧化后转变成热能，作为呼吸、运动、消化及维持体温等生命活动的能源。即使体内还有更多的碳水化合物剩余，也绝对替代不了蛋白质的作用。饲料中的蛋白质分解成氨基酸被鸡体吸收后，形成羽毛、肉和蛋中的蛋白质，剩余部分可以转变成能量和脂肪。当饲料中蛋白质不足时，雏鸡及肉鸡生长缓慢，羽毛长不好。蛋白质过量也没有好处：一是蛋白质饲料比能量饲料价格贵，这在经济上是个浪费；二是这种蛋白质的分解过程产生尿酸盐的大量沉积而损害肝、肾的正常功能，以致引发鸡的痛风病。

单一化的饲料还由于某种营养素的缺乏或不足而引起营养性的疾病，甚至危及生命。如玉米含钙少，磷也偏低，长期单一用玉米喂鸡，幼雏鸡会发生骨骼畸形、关节肿大、生长停滞。成年鸡可出现骨软、骨质疏松、骨壁薄而易折断。

（2）多样化饲料的食谱，可以满足鸡的营养需要

①实行多种饲料混合饲喂可以达到几种养分互补以满足鸡的需要。例如，维生素 D 能促进鸡体对钙、磷的吸收，但当饲料中维生素 D 不足时，即使饲料中钙磷比例是适当的，也因维生素 D 的不足

而影响鸡体对钙、磷的吸收。在所有的饲料中，还没有哪一种饲料在钙、磷、维生素 D 的三者关系上达到平衡，所以必须要由多种饲料相互配合，使三者达到平衡。

②饲料中各养分间还存在着互补的作用，可以提高饲料的利用效率。例如，玉米中蛋白质的利用率是 54%，肉骨粉中蛋白质的利用率为 42%。如果用 2 份玉米和 1 份肉骨粉混合饲喂，其利用率不是两者的平均数 50%〔（54%×2＋42%）÷3＝50%〕，而是 61%，这是由于肉骨粉中蛋白质含较高的精氨酸和赖氨酸，补充了玉米中蛋白质这两种氨基酸的不足。

因此，多种饲料组成的"食谱"，可以充分发挥各种饲料中营养素的营养价值，有效地提高蛋白质的利用效率。由于鸡在生长、发育、繁殖和产蛋等不同时期都需要不同的营养需要，因此科学的养鸡方法就是要讲究营养的完善，即采用全价配合饲料。

由两种以上的饲料按比例混合、搅拌均匀的都可以称为配合饲料，而全价的含义就是能满足鸡体营养需要的平衡饲料。

2. 什么是平衡日粮 鸡在一昼夜内所采食的各种饲料的总量称为鸡的日粮。营养完善的配合饲料，必然在营养物质的种类、数量以及比例上能满足鸡的各种营养需要，这样的日粮称为平衡日粮。

所谓平衡，主要表现为以下几个方面。

（1）能量与蛋白质的平衡 在配合日粮时，首先要确定能满足要求的能量水平，然后调整蛋白质及各种营养物质，使之与能量形成适当的比例。

鸡在采食一定量的平衡日粮后，既获得了所需要的能量，同时又吃进了足够量的蛋白质和其他各种营养物质，因而能发挥它最大的生产潜力，饲养效果最好。

如果日粮中能量水平高、蛋白质含量低，鸡就会由于采食量减少而造成其他营养物质的不足。可能鸡体很肥，但生长慢、产蛋少。当日粮中能量明显过多时，便会出现其他营养严重缺乏的症状，使鸡生长或产蛋完全停止，甚至死亡。

如果日粮中能量水平低而蛋白质等其他营养物质含量多，它不仅会造成蛋白质的浪费，而且严重的还会出现代谢障碍。当日粮容积很大、吃得很饱却得不到维持所需的能量时，鸡的体重减轻，逐渐消瘦，直至死亡。

这里所指的平衡，更强调的是蛋白能量比，就是说每兆焦代谢能饲料中应该含有多少克蛋白质。如肉用仔鸡前期的配合饲料中，每千克饲料含 12.13 兆焦代谢能，蛋白质为 21%，则蛋白能量比为 17.3。也就是说，肉鸡每吃进 1 兆焦代谢能的同时，也吃进了 17.3 克蛋白质。

（2）**蛋白质中氨基酸的平衡**　饲料蛋白质进入鸡体后，经消化分解成许多种氨基酸，其中有一类氨基酸是鸡体最需要而在体内又不能合成的所谓"限制性氨基酸"主要有蛋氨酸、赖氨酸、色氨酸等 13 种氨基酸。当它们在日粮中供应不足时，就限制了其他各种氨基酸的利用率，也降低了整个蛋白质的有效利用率。可见，所谓氨基酸的平衡就是指限制性氨基酸的供给平衡。

因此，在配料时不仅要考虑蛋白质的数量，还要注意限制性氨基酸的比例。可使用氨基酸添加剂来平衡日粮蛋白质中各种氨基酸。氨基酸平衡的饲料，其蛋白质利用率才能充分发挥。

例如，鸡的日粮中其他氨基酸供给充足，但蛋氨酸供应只达到营养需要量的 60%，那么，日粮中蛋白质的有效利用率仅为 60%。其余的 40% 蛋白质在肝脏中脱氨基，随尿排出体外。不但造成蛋白质浪费，加大饲料成本，甚至会引起代谢障碍。

除此以外，平衡日粮还表现在钙磷比例的平衡，以及微量元素、维生素的比例适量等方面。

（二）如何配制肉鸡的平衡日粮

饲料配方的计算，是将各种饲料中的营养要素按比例加起来，使能量、蛋白质，尤其是各种氨基酸，钙和磷、食盐等，达到饲养标准的要求。注意能量与其他营养素之间的比例是否合适。最后还要考虑配合饲料的成本。

饲料配方的配制方法很多，一般公推以"试差法"比较好。近年来推出的"公式法"，实质上是二元一次方程的简化公式，计算起来也很方便。

1. 用试差法配合饲粮 例如，用玉米、豆饼、花生饼、鱼粉、骨粉、石灰石粉配合 65%～80% 产蛋率的种母鸡饲粮，步骤如下。

第一步：列出所用饲料的营养成分和要求配制的饲养标准（表3-4）。

表3-4 饲料营养成分和种母鸡饲养标准

饲料原料	代谢能（兆焦/千克）	粗蛋白质（%）	钙（%）	磷（%）	蛋氨酸（%）	赖氨酸（%）
玉 米	14.06	8.6	0.04	0.21	0.13	0.27
豆 饼	11.05	43.0	0.32	0.50	0.48	2.45
花生饼	12.26	43.9	0.25	0.52	0.39	1.35
鱼 粉	10.25	55.1	4.59	2.15	1.44	3.64
骨 粉	—	—	36.40	16.40	—	—
石灰石粉			35.00			
饲养标准*	11.62	15.0	3.40	0.60	0.33	0.66

* 蛋能比=150克/千克：11.62兆焦/千克=12.9克/兆焦。

第二步：确定某些饲料用量。本次配方中确定使用5%的花生饼，是因其含精氨酸多。另外，决定用3%鱼粉，是因鱼粉中有未知促生长因子，并且含限制性氨基酸也多。先算出此2项所含的营养素数值（表3-5）。

表 3-5　确定部分饲料用量

饲 料	比例（%）	代谢能（兆焦/千克）	粗蛋白质（%）	钙（%）	磷（%）	蛋氨酸（%）	赖氨酸（%）
花生饼	5	0.6130	2.195	0.0125	0.0260	0.0195	0.0675
鱼 粉	3	0.3075	1.653	0.1377	0.0645	0.0432	0.1092
合 计	8	0.9205	3.848	0.1502	0.0905	0.0627	0.1767

第三步：根据经验将饲粮矿物质用量假定为 9%，余下的 83% 均试用玉米，即用玉米首先满足能量需求，看主要营养素含量（表 3-6）。

表 3-6　用玉米试测各种营养素含量

饲 料	比例（%）	代谢能（兆焦/千克）	粗蛋白质（%）	蛋能比（克/兆焦）	钙（%）	磷（%）	蛋氨酸（%）	赖氨酸（%）
花生饼及鱼粉	8（见表3-5第3行）	0.9205	3.848	—	0.1502	0.0905	0.0627	0.1767
玉 米	83	11.6698	7.138	—	0.0332	0.1743	0.1079	0.2241
合 计	91	12.5903	10.986	8.725	0.1834	0.2648	0.1706	0.4008
饲养标准		11.620	15.000	12.90	3.4000	0.6000	0.3300	0.6600

如采用 5% 花生饼、3% 鱼粉、83% 玉米和 9% 无机盐配合的饲粮，计算其各种营养成分后，再对照饲养标准中各个指标，得知能量高出 0.9703 兆焦/千克，粗蛋白质少 4.014%，蛋氨酸少 0.1594%，赖氨酸少 0.2592%。

第四步：分步调整。

第一，先计算粗蛋白质满足情况。豆饼含粗蛋白质 43%，玉米含粗蛋白质 8.6%，如果用豆饼替换玉米，则每替换 1%，可提高饲粮粗蛋白质（43%～8.6%）（见表 3-4 第 2 列）÷100＝34.4%÷100＝0.344%。第三步配合的结果中，粗蛋白质少 4.014%，（见表 3-6 第 3 列），应替换 4.014%÷0.344%≈11.67%，即用 12% 的豆饼替换等量的玉米，使饲粮的配比改变为花生饼 5%、鱼粉 3%、无机盐 9%、豆饼 12% 和玉米 71%。与此同时，我们还可以看到，当豆饼替换玉米时，每替换 1%，其代谢能则减少 0.0301 兆焦 / 千克 [（14.06-11.05（见表 3-4 第 1 列）÷100]。如按用 12% 的豆饼替换等量的玉米，该配方的代谢能为 12.229 兆焦 / 千克，粗蛋白质为 15.114%（见表 3-7 ①），均已超过饲养标准，但其蛋白能量比仅为 12.359 克 / 兆焦，与标准要求还有一些差距。

第二，从蛋白能量比角度进一步调整，见表 3-7。

表 3-7 试调豆饼含量看蛋能比的变化

	饲料名称	配方中含量（%）	代谢能值（兆焦 / 千克）		粗蛋白质值（%）		配方蛋能比值（克 / 兆焦）
			饲料源（见表3-4）	配方含量	饲料源（见表3-4）	配方含量	
豆饼含量12%①	豆饼	12	11.05	1.326	43.0	5.16	蛋能比值
	玉米	71	14.06	9.9826	8.6	6.106	
	花生饼鱼粉	8（见表3-5）		0.9205		3.848	
升↓1%	总计			12.2291		15.114	12.359 升↓ 0.3125

续表 3-7

饲料名称		配方中含量（%）	代谢能值（兆焦/千克）		粗蛋白质（%）		配方蛋能比值（克/兆焦）
			饲料源（表3-4）	配方含量	饲料源（表3-4）	配方含量	
13%② ↓ 升 1%	豆饼	13	11.05	1.4365	43.0	5.59	
	玉米	70	14.06	9.842	8.6	6.02	
	花生饼鱼粉	8（见表3-5）		0.9205		3.848	
	总计			12.199		15.458	12.6715
							升 0.3141
14%③	豆饼	14	11.05	1.547	43.0	6.02	
	玉米	69	14.06	9.7014	8.6	5.934	
	花生饼鱼粉	8（见表3-5）		0.9205		3.848	
	总计			12.1689		15.802	12.9856

从表 3-7 可以看到，当豆饼含量每上升 1%时（左列），蛋能比同步上升 0.3125～0.3141（右列），而根据要求配方的饲养标准蛋能比为 12.9，目前当豆饼为 14%时，配方的蛋能比为 12.9856，可见配方中豆饼含量应介于 13%～14%，多出量为 0.0856（12.9856-12.9），所以豆饼降低量为 0.2725（0.0856/0.3141），豆饼的配方含量应为 13.73%（14%-0.27%）。

从表 3-7 可以看到，要达到蛋能比为 12.90 克/兆焦，其玉米含量介于 69%～70%，经计算玉米的用量为 69.27%，豆饼用量为 13.73%。由于营养标准要求添加 0.37%的食盐，一般此量从玉米量中减去，故玉米用量为 68.9%。至此，该配方计算的营养价值见表 3-8。

表3-8　计算配方营养价值

饲　料	比例（%）	代谢能（兆焦/千克）	粗蛋白质（%）	蛋能比（克/兆焦）	钙（%）	磷（%）	蛋氨酸（%）	赖氨酸（%）
玉　米	68.9	9.6873	5.9254	—	0.02756	0.14469	0.08957	0.18603
豆　饼	13.73	1.5172	5.9039	—	0.04394	0.06865	0.0659	0.33639
花生饼	5	0.613	2.195	—	0.0125	0.026	0.0195	0.0675
鱼　粉	3	0.3075	1.653	—	0.1377	0.0645	0.0432	0.1092
食　盐	0.37							
合　计	91	12.125	15.6773	12.9297	0.2217	0.30384	0.2182	0.6991
饲养标准		11.62	15	12.9	3.4	0.6	0.33	0.66

　　从表3-8所列数值可以看到，代谢能与蛋白质值均略比营养标准高，而蛋能比基本符合要求。目前这个配方还需补足的是钙、磷和蛋氨酸。

　　第三，补足钙和磷。上述配方中钙的含量为0.2217%，磷的含量为0.30384%。由于骨粉中含磷16.4%，含钙36.4%，而石灰石粉只能补充钙，含钙量为35%（表3-4）。

　　首先由骨粉来补足磷的含量。配方中磷的含量（0.30384%）与饲养标准（0.6%）差为（表3-8）（0.6%-0.30384%）=0.29616%，为满足此差数所需要的骨粉含量为0.29616%÷16.4%=1.80585%，与此同时，它所增加的钙的含量为1.80585%×36.4%=0.6573%。

　　调整钙。目前配方中钙的含量（配方钙含量0.2217%＋添加骨粉后增加的0.6573%）比饲养标准3.4%少2.521%（3.4%-0.2217%-0.6573%），为补足此差数所需要的石灰石粉含量应为2.521%÷35%=7.2028%。至此，调整后配方中钙的含量应为：0.2217%＋（1.80585%×36.4%）＋（7.2028%×35%）=0.2217%＋0.6573%+2.521%=3.4%。

　　磷含量为：0.30384%＋（1.80585%×16.4%）＝0.30384%＋

0.29616%＝0.6%。

该两数值基本与饲养标准要求相符。

此时钙磷比值为 3.4%÷0.6%＝5.67，此数值与饲养标准的要求相符。

骨粉与石灰石粉的用量（1.80585%＋7.2028%）也正好与事先假定的无机盐用量 9% 相符。

此配方各种饲料的百分数的总量为 100%，此配方再补加 DL-蛋氨酸（表 3-8）（0.330%-0.21820%）＝0.1118% 后，上述各项营养指标均达到饲养标准要求。

上述计算方法是以蛋白质值的差数来计算的，如果从提高蛋白质的利用率和氨基酸与能量相适应的角度来考虑，可以按第一或第二限制氨基酸值的差数来计算，其方法与以蛋白质值的差数计算方法相似。由于计算的出发点不同，其最后的配方组成是有差异的，此时可以从价格的角度来考量各个配方的成本，以确定最后的选用。

2. 用公式法配合饲粮 公式法就是用联立方程式求两个未知饲料的用量。同样，需要将某些饲料的用量人为地固定下来，又将无机盐的用量大致固定为 9%，然后求一个能量饲料和一个蛋白质饲料的用量。现仍用试差法的举例来说明公式法。

先计算出 5% 花生饼与 3% 鱼粉的营养成分（表 3-9），计算时以表 3-6 的数据为依据。

表 3-9　计算花生饼与鱼粉的营养成分

饲　料	比例（%）	代谢能（兆焦/千克）	粗蛋白质（%）	蛋能比（克/兆焦）	钙（%）	磷（%）	蛋氨酸（%）
花生饼	5	0.6130	2.195	0.0125	0.026	0.0195	0.0675
鱼　粉	3	0.3075	1.653	0.1377	0.0645	0.0432	0.1092
共　计	8	0.9200	3.848	0.1502	0.0905	0.0627	0.1767
饲养标准		11.5100	15.000	3.4000	0.6000	0.3300	0.6600
相　差		-10.59	-11.152	-3.2499	-0.5095	-0.2673	-0.4833

现在按蛋白质需要量进行计算。

假设以 x 代表玉米用量，y 代表豆饼用量，其总量为 83（100-5-3-9），则可列出联立方程为：

$$\begin{cases} x+y=83 & （1） \\ 8.6x+43y=11.152 \times 100 & （2） \end{cases}$$

式中，8.6 为玉米含粗蛋白质的百分比，43 为豆饼含粗蛋白质的百分比，11.152 为尚差的粗蛋白质百分比。

解得：豆饼用量为 11.668%，玉米用量为 71.332%。此结果与试差法计算的结果基本相同。

计算钙、磷的方法与试差法一样。最后的含量如百分数的总和超过 100，则扣除玉米的用量；如不足 100，则增加玉米的用量。

切记，饲粮中应有 30% 的磷来自无机磷，按本例计算应有 0.6% × 30%=0.18% 是理论的无机磷数值。而上述实际配方中来自鱼粉中的磷为 0.0645%，来自骨粉中的磷为 0.2952%，总共有 0.3597% 是无机磷，已足够需要了。有时饲粮中用麸皮和米糠，含磷量虽超过 0.6%，但还是需要加 1.5% 的骨粉，即使总磷已达到 0.8% 也不要紧。

3. 配料时应注意的事项

第一，在制定配方与原料时，要从本地的实际出发，尽可能选用适口性好的多种饲料。采用本地区的饲料，可做到饲料来源可靠、成本低、饲养效益好。

第二，制定配方后，对配方所用原料的质量必须把关，尽量选用新鲜、无毒、无霉变、适口性好、无怪味、含水量适宜、效价高、价格低的饲料。

第三，一定要按配方要求采购原料，严防通过不正当途径收购掺杂使假、以劣充优的原料。目前，可能掺假的原料有：鱼粉中掺水解羽毛粉和皮革粉、尿素、粉碎的毛发丝、臭鱼、棉仁粉等，使蛋白质品质下降或残留重金属和毒素；脱脂米糠中掺稻糠、锯末、清糠、尿素等，使其适口性变差，饲料品质降低；酵母粉中掺黄豆粉，或在豆饼中掺豆皮、黄玉米粉；黄豆粉中掺石粉和玉米粉等，导致蛋白质水平下降；在玉米粉中掺玉米穗轴；在杂谷粉中掺黏土粉；在矿物质添加剂中掺黏土粉；在骨肉粉中掺羽毛粉或尿素等。购进的原料要检验，测定其水分、杂质、容量、颜色、重量，看主要成分是否符合正常饲料的标准。有害成分是否在允许范围之内，达到要求的方可入库，否则应退货。

第四，对于含有毒、有害物质的饲料，应当限用。例如，棉籽饼和菜籽饼，应在允许范围内使用。有的饲料粗纤维含量高，如大麦、燕麦、米糠、麸皮等，均应根据其品质及加工后的质量适量限用。对于某些动物性饲料，如蚕蛹、血粉、羽毛粉等，应从营养平衡性、适口性及其本身品质方面考虑合理使用。

第五，各种原料应称量准确，搅拌均匀。先加入复合微量元素添加剂，维生素次之，氯化胆碱应现拌现用。各种微量成分要进行预扩散，即先与少量主料（4～5千克）拌匀，再扩散到全部饲料中去，以免分布不均匀而造成中毒。

第六，饲料应贮藏在通风、干燥的地方，时间不能过长，防止霉变，尤其是梅雨季节更应注意。鱼粉、肉骨粉等因含脂肪多，易变质，变质后有苦涩味，适口性变差，且有效营养成分含量下降。

4. 肉用仔鸡饲料配方举例

（1）肉用仔鸡饲料配方

① 0～4周龄肉用仔鸡饲料配方　见表3-10。其中，配方3是玉米、豆饼、鱼粉的配方饲料，其营养符合肉用仔鸡前期要求。配方4使用碎米替代部分玉米，并添加油脂。配方2中以小麦替代部分玉米，而配方1是无鱼粉的肉用仔鸡前期饲料。饲喂时再添加少量的维生素 B_{12}，可能会取得更好的饲养效果。

表 3-10　0～4 周龄肉用仔鸡饲料配方　（%）

配方编号	1	2	3	4
玉　米	57.1	32	64.8	31
碎　米	—	—	—	30
麸　皮	2	—	—	—
豆　饼	36	18	16.8	25
小　麦	—	35	—	—
菜籽饼	—	—	5.	—
槐叶粉	2	—	—	—
鱼　粉	—	12	10	10
骨　粉	—	1.5	0.6	1.5
贝壳粉	1	—	—	0.5
石　粉	—	—	1	—
生长素	—	1.3	—	—
油　脂	—	—	—	1.8
磷酸氢钙	1.35	—	—	—
DL- 蛋氨酸	0.2	—	0.1	—
其他添加剂	—	—	1.4	—
食　盐	0.35	0.2	0.3	0.2
代谢能（兆焦 / 千克）	11.84	12.26	12.59	12.84
粗蛋白质（%）	19.5	21.1	20.8	21.3
粗纤维（%）	—	—	2.8	2.4
钙（%）	0.82	1.61	1.09	1.21
磷（%）	0.61	0.88	0.66	0.71
赖氨酸（%）	1.04	1.22	1.1	0.96
蛋氨酸（%）	0.46	0.4	0.46	0.42
胱氨酸（%）	—	—	0.3	0.32

左侧纵向标注：饲料名称及配合比例（对应饲料原料部分）、营养成分（对应营养指标部分）

②5～8周龄肉用仔鸡饲料配方　见表3–11。配方1虽然用大麦替代了部分玉米，其营养成分符合饲养标准。配方2是由计算机设计得到的最佳配方，各种营养成分基本满足需要。配方4是用碎米、大麦替代部分玉米。配方3是肉用仔鸡后期无鱼粉饲料。

表3–11　5～8周龄肉用仔鸡饲料配方（%）

	配方编号	1	2	3	4
饲料名称及配合比例	玉 米	49.8	68.6	60.1	45
	大 麦	18	—	—	15
	碎 米	—	—	—	14
	豆 饼	—	19	32	15
	豆 粕	23	—	—	—
	槐叶粉	—	—	2	—
	鱼 粉*	5	10*	—	9
	油 脂	2	—	3	—
	脱氟磷酸钙	—	—	—	0.7
	石 粉	—	—	1	—
	贝壳粉	0.5	1	—	—
	磷酸氢钙	1	1	1.35	—
	碳酸钙	—	—	—	1
	DL–蛋氨酸	—	—	0.2	—
	其他添加剂	0.45	—	—	—
	食 盐	0.25	0.4	0.35	0.3
营养成分	代谢能（兆焦/千克）	12.05	12.89	12.76	12.59
	粗蛋白质（%）	20.3	20.2	17.9	19
	粗纤维（%）	3.1	2.4	—	—
	钙（%）	0.71	1.05	0.73	1.15
	磷（%）	0.62	0.71	0.58	0.76
	赖氨酸（%）	0.88	1.08	0.93	1.12
	蛋氨酸（%）	0.36	0.34	0.44	0.38
	胱氨酸（%）	—	0.29	—	—

*为进口鱼粉。

（2）地方品种肉用黄鸡的饲料配方　表3-12中的配方1～3是以稻谷为主要能量饲料的配方。配方4和5是利用水稻产区粮食加工副产品配合的饲料配方。配方6～8是用添加蛋氨酸来平衡的饲料，以达到降低动物性与植物性蛋白质饲料用量的一套配方。

表3-12　地方品种肉用黄鸡的饲料配方（％）

阶段配方		0～4周龄	5～12周龄	13～16周龄	0～5周龄	6～20周龄	0～5周龄	6～12周龄	13周龄以上
饲料名称及配合比例	玉　米	20.0	35.0	49.0	41.4	49.6	64.98	65.98	66.95
	碎　米	—	—	—	12.0	13.0	—	—	—
	稻　谷	40.0	28.5	16.0	—	—	—	—	—
	小　麦	8.50	8.0	9.0	—	—	—	—	—
	花生麸	—	—	—	15.0	9.0	4.0	4.0	2.0
	玉米糠	—	—	—	5.0	5.0	—	—	—
	麦　糠	—	—	—	10.0	8.0	—	—	—
	黄豆麸	—	—	—	8.0	8.0	—	—	—
饲料名称及配合比例	麦　麸	—	—	—	—	—	7.0	10.0	12.0
	豆　饼	20.0	19.0	18.0	—	—	13.0	13.0	14.0
	鱼粉*	10.0	8.0	6.5	8.0*	7.0*	9.0	5.0	3.0
	骨　粉	1.5	1.5	1.5	—	—	—	—	—
	贝壳粉	—	—	—	0.6	0.4	—	—	—
	无机盐添加剂	—	—	—	—	—	2.0	2.0	2.0
	蛋氨酸						0.02	0.02	0.05

续表 3-12

阶段配方		0～4 周龄	5～12 周龄	13～16 周龄	0～5 周龄	6～20 周龄	0～5 周龄	6～12 周龄	13 周龄以上
营养成分	代谢能（兆焦/千克）	11.59	11.97	12.34	11.88	12.00	12.13	12.13	12.13
	粗蛋白质	19.70	18.40	17.30	20.40	18.00	18.50	17.00	15.00
	钙	1.03	0.94	0.87	0.91	0.90	1.24	1.06	0.97
	磷	0.81	0.76	0.72	0.55	0.56	0.65	0.54	0.50
	赖氨酸	1.19	1.06	0.95	0.85	0.77	0.70	0.76	0.63
	蛋氨酸	0.36	0.32	0.29	0.33	0.30	0.33	0.27	0.24
	胱氨酸	0.33	0.31	0.58	0.29	0.21	0.30	0.28	0.27

*为进口鱼粉。

（3）**广东地方黄羽鸡的后期肥育典型配方** 参见本书第四章"优质型肉鸡的肥育"。

（4）**石岐杂鸡不同阶段的日粮配方** 见表 3-13。

表3-13　石岐杂鸡不同阶段的日粮配方

配方类型		幼　雏 （0～5 周）	中　雏 （6～12 周）	肥育期 （13～14 周）	上市前 （15～16 周）
饲料名称及配合比例（％）	黄玉米粉	46.0	45.5	53.0	56.0
	谷　粉	5.0	12.0	5.0	5.5
	玉米糠（米糠）	15.0	13.0	11.0	10.0
	麦　麸	6.0	6.0	5.5	6.0
	黄豆饼粉	8.0	6.0	6.0	4.0
	花生饼粉	8.0	6.0	10.0	12.0
	秘鲁或智利鱼粉	10.0	6.0	4.0	2.0
	松针粉	—	2.0	1.0	—
	植物油脂	—	—	1.0	1.0
	蚝壳粉	1.0	2.0	2.0	2.0
	骨　粉	0.5	1.0	1.0	1.0
	食　盐	0.5	0.5	0.5	0.5
营养成分	粗蛋白质（％）	20～21	15.52	16.21	16.03
	代谢能（兆焦/千克）	12.00	11.56	12.09	12.09
添加料	添加剂（克/100 千克）	200	200	150	150
	多种维生素（克/100 千克）	10	10	10	10
	硫酸锰（克/100 千克）	2	2	2	2
	硫酸锌（克/100 千克）	1	1	1	1
	蛋氨酸（％）	0.1～0.25	0.1～0.25	0.1～0.25	0.1～0.25
	维生素 B_{12}（微克/100 千克）	—	—	—	360
	土霉素粉（毫克/100 千克）	—	—	—	360
	杆菌肽（毫克/100 千克）				

（三）提高饲料利用价值的途径

1. 如何减少饲料的浪费 饲料费用是养鸡生产成本中开支最大的项目，占养鸡总成本的 70%～80%。而在实际生产中，由于饲养管理不严格，饲料配合和使用不当，常造成饲料的较大浪费。浪费的饲料一般要占总用量的 5%～10%。因此，减少饲料浪费是降低生产成本、增加利润的有效措施。

（1）仔细投喂饲料 若料槽、运料和喂料工具破损，饲料袋有破洞，都会造成饲料撒落；雏鸡开食时若在旧报纸上饲喂，鸡很容易将报纸踩碎，饲料因此而漏到地上。应及时将撒落的饲料收集起来。为避免浪费，可改用开食盘喂养雏鸡，并做到少喂勤添。

（2）料槽结构要合理，高度要适宜，料位要充足 平养鸡的料槽、料桶上边缘高度应高出鸡背 1～2 厘米，以免放得太低使饲料被扒撒出槽外造成浪费。料位应充足，以减少鸡只因争位抢食而造成饲料损失。

（3）加料要适量 据统计，料槽中饲料只添加至 1/3 时的浪费仅为添加到 2/3 时的 1/8。所以，要少量勤添。

（4）保管好饲料 饲料会因日晒、雨淋、受潮、发热、霉变、生虫等原因而造成损失。饲料应贮存在干燥、通风处，并且装在袋中置于离地面 20 厘米高的木架上。应经常检查室内温度并保持在 13℃ 以下，空气相对湿度控制在 60% 以下。这样，可防止细菌、真菌的生长，避免饲料受污染和营养价值下降。其贮存期最好不要超过 2 个月，否则营养价值会降低。

（5）及时淘汰 多余的公鸡、弱鸡和残次鸡等要及时淘汰，减少不必要的饲料开支。

（6）做好灭鼠、防鸟工作 1 只老鼠每年可吃掉 6～7.5 千克的谷物和饲料，它的粪尿又直接污染 10 倍于吃掉的谷物和饲料。而且，它们又是疾病的传播者。鸡场及周围环境应定期灭鼠，在通风口和窗户上应安装防雀网，以防麻雀等野鸟进入。既可减少饲料消耗，又可防野鸟传播疾病。

（7）**做好防疫驱虫工作** 如果鸡群感染了寄生虫，不但会消耗鸡体的营养，而且会因损坏消化道黏膜而影响消化吸收功能，降低饲料利用率。

（8）**正确断喙** 断喙一般在 7～10 日龄时进行。断喙不仅能防止鸡群发生啄癖，而且能减少饲料浪费。断喙后的采食量比正常降低 3%～7%。

（9）**补沙** 应定期补饲沙砾，或在鸡舍内设置沙盘，让鸡自由采食。否则，会降低饲料的消化率。

（10）**确保饲料质量** 使用全价配合饲料。外购饲料时应有稳定的购货渠道，既保证质量又便宜。检验合格后方可购入。

（11）**保持鸡舍内适宜温度** 在最适温度时，鸡的饲料转化率最高。所以，应采取有效的防寒或降温措施，尤其在冬季，应保证鸡舍的适宜温度。温度过低，鸡群将多消耗饲料来维持体温，抵御寒冷。

（12）**把握好最佳上市屠宰期** 肉鸡生长后期增重速度减慢，而饲料消耗却增加。因此要做好饲养记录，注意观察肉鸡的生长趋势（相对增重率＝本周的绝对增加体重÷上周末的体重×100%）和耗料的比例（本周耗料重量÷本周的绝对增加体重），以此来把握好最佳的上市屠宰期，以免饲料消耗的价值超过了体重增加的回报。

2. 应用酶制剂提高饲料转化率 近年来，在鸡营养领域令人兴奋的是饲用酶的研究，这将是下一个 10 年发生的一场鸡营养的革命。

通过对植物性饲料原料的细胞结构、成分和性质的分析，发现植物细胞壁与细胞间质中存在着很多妨碍消化的非淀粉多糖类物质（表 3-14）。

表 3-14　部分饲料中妨碍营养物质消化的物质

饲料原料	妨碍消化的物质 与难消化的成分	饲料原料	妨碍消化的物质 与难消化的成分
大　麦	β-葡聚糖、戊聚糖	油菜籽	鞣酸、烟菌酸、食物纤维
小　麦	戊聚糖、果胶	向日葵籽	鞣酸、食物纤维
西非高粱	鞣酸	羽扇豆	生物碱、食物纤维
小黑麦	戊聚糖、果胶、可溶性淀粉、蛋白酶抑制剂	豌豆	外源凝集素、鞣酸、食物纤维
菜　豆	蛋白酶抑制剂、外源凝集素、鞣酸、蚕豆嘧啶、葡糖苷、伴蚕豆嘧啶核苷	玉米	戊聚糖、果胶
大　豆	蛋白酶抑制剂、致甲状腺肿物、外源凝集素、皂苷、大豆球蛋白、胶固素、低聚糖	黑麦	戊聚糖、果胶、β-葡聚糖、鞣酸、可溶性淀粉、烷基间苯二酚、蛋白酶抑制剂

　　饼粕类是我国蛋白质饲料的主要来源，大豆饼、棉籽饼和菜籽饼的蛋白质利用率分别为 70%，50% 和小于 50%。大麦、小麦细胞壁中的非淀粉多糖主要是 β-葡聚糖和戊聚糖，仅能部分被家禽消化。豆类和谷物子实中大部分磷以植酸磷的形式存在，不能被禽类降解利用，有机磷的排出还会引起环境污染。研究发现，当添加适当的微生物酶制剂后，可分解植物细胞壁、植酸、蛋白质和淀粉等，进而提高饲料利用率，降低家禽粪便中的有效养分。特别是对于消化系统尚未发育成熟的幼雏，在饲料中添加酶（如淀粉酶、蛋白酶），可使淀粉和蛋白质得到更充分的消化。有人在饲喂肉鸡时添加植酸酶，发现鸡生长速度加快，饲料转化率提高，并能改善钙、磷的利用，磷的排出量减少一半。

　　目前，由于对酶在消化道内产生效用的作用位置还缺乏系统的认识，酶制剂应用的协同作用以及酶制剂的生产方式等，都有待进一步研究。但随着基因工程、蛋白质工程等生物技术在酶制剂生产中的逐渐应用，各种淀粉酶、β-葡聚糖酶、纤维酶和蛋白酶生产成本的降低，必将在未来的肉鸡养殖业中得到普遍的应用，使常规的饲料转化率得到大幅度的提高。

第四章
规范的饲养管理技术

"管理出效益"，这是人们实践活动的常识。但管理要按照客观规律来进行，否则，将事倍功半，得不偿失。

例如，为什么雏鸡阶段"开水"要比"开食"早呢？在免疫接种中为什么必须先接种马立克氏疫苗、法氏囊疫苗呢？在饮水免疫时为什么要强调"呛水"这个关键呢？等等此类的问题，都需要人们去了解其中的规律。知道了规律，人们的管理才有目的，才更加自觉。我们将在揭示规律的基础上来规范饲养技术，保障肉鸡个体的成长和群体的均衡发展。

一、肉鸡饲养存在的问题

（一）粗放式的饲养管理

饲养制度无定规。不能严格执行作业程序，虽有定时饲养的制度，但随意推迟饲喂时间；组群和饲养密度不合理，鸡群群体过大，密度过密。

管理粗放马虎。经常发生缺食、断水现象；鸡舍温度过高、过低或大幅度地升降，育雏室温度过低造成雏鸡卵黄吸收不良及感冒，夏季不采取有效降温措施引起中暑；冬季只顾保暖，忽略通风，造成舍内氨和硫化氢气体严重超标，粉尘过多，鸡舍郁闭，或通风换气时让冷空气直吹鸡身甚至形成贼风，都极易激发鸡呼吸道病的发生；光照制度的突然变化、光线过强、突然声响等都极易引发鸡群的挤、堆、压，造成鸡群残损。

饲养是一个细致观察鸡群生长变化、疾病征兆的过程。不少养殖户不仅不认真观察鸡群的各种动态，做到强弱分群，而且每天对鸡喝多少水、吃多少料、用了什么药、用多少药等都不做记录，这就不可能从鸡群动态的分析中发现疾病的预兆；对病鸡、残鸡不能及时淘汰，也不隔离，给鸡群留下了传播疾病的传染源。

不学习，不循究规律，盲目喂养。由于不懂也不学习、不了解肉鸡的生物本性和它的生理特点、生活习性、营养需要、生长发育的特点和需求，因此就不知道饲养技巧，不知道不同时期用不同的饲料。

（二）不恰当的免疫

肉鸡的免疫程序，要根据鸡的来源地、饲养地疫病流行情况以及鸡的亲代免疫程序和母源抗体的高低来制定。如在没有发生过鸡传染性喉炎的地区接种鸡传染性喉炎疫苗，不仅浪费疫苗，而且还污染了这一地区。有的养鸡户见别人接种啥疫苗自己也接种啥疫苗，或者把几个免疫程序组合在一起，认为这样可以互补所短，随意性很大，往往达不到应有的免疫效果。

有些养鸡户认为，只要使用疫苗就能控制传染病，因而过分依赖疫苗的作用，似乎认为疫苗用量越大免疫效果就越理想。其实，过量的疫苗能引发强烈的应激反应，引起免疫麻痹，甚至引发该病。

有些养鸡户不根据鸡群健康和应激因素等状况决定是否实施免疫，在天气炎热、鸡体状况不佳、转群和断喙等应激或鸡群正在发病时接种疫苗，其结果反而可能引发大群发病。

操作方法不当。在给鸡点眼、滴鼻时，不能确保适量的疫苗吸入鼻中或滴入眼内，因而造成免疫剂量不足；在饮水免疫时水量太少，致使部分鸡喝不到或喝不足，或饮水在短时间内不能喝完而造成疫苗的效价降低，导致免疫剂量不足。这些都使免疫达不到相应的效果。

有的直接用加入漂白粉的自来水稀释疫苗，有的直接使用不经处理的硬度高的水稀释疫苗。由这些水稀释的疫苗其免疫效果下降。

由于疫苗的运输、保存不当可能造成疫苗失效或质量下降，致使免疫失败。

（三）不合理的用药

滥用抗生素等药物。有的养鸡户将抗菌药物长期添加在饲料和饮水中，以为就可以防治疾病。其实，抗生素仅能预防细菌的继发感染，对病毒根本无效。有的养鸡户"三天不用药，老是睡不着"，对可用可不用的药，宁可用了似乎才放心；用一种药即可奏效的，却将几种药合用，自以为更加保险。

滥用药的结果是破坏了鸡体内菌群的平衡，使敏感病源产生耐药性，对鸡体产生不良反应甚至中毒。

不科学用药，随意加大用药量。在疾病治疗和预防中操之过急，以为用药剂量越大治疗效果越好，盲目加大用药剂量。这样做会伤害病鸡的脏器，甚至引起蓄积中毒现象，引发细菌产生抗药性。

不按规定用药。任何药物都必须在鸡体内维持一定的时间。如抗菌药物一般疗程是3～5天，要连续给予足够的剂量，保证药物在鸡体内达到有效的血药浓度才能起到杀灭病菌的作用。如磺胺类药物，首次用量应加倍，且按3～5天1个疗程才有效。可是有的养鸡户心急如焚，要求投药后立竿见影，一种药物用了才1～2天，自认为效果不理想而立即更换另一种药物，甚至换了又换。这样做往往达不到应有的药物疗效，使疾病难以控制。还有的养鸡户在使用某种药物1～2天后，病鸡稍有好转就停药，不继续进行巩固性治疗，造成疾病复发。

忽视了药物配伍禁忌。合理的药物配伍可以起到药物间的协同作用。但如盲目配伍则会造成危害，轻则造成用药失效，重则使鸡体中毒死亡。如青霉素与磺胺类药物合用时，由于磺胺类药物大多碱性较强，而青霉素在碱性环境中极易被破坏而失去活性。

不注重药物质量，盲目迷信新药和洋药。有些养鸡户对洋药和刚上市的新药情有独钟，不看成分和价格，认的就是"新"和"洋"。其实，有一部分所谓新药，只是改变名称、换了包装的老药；不少进口的"洋药"其成分与国产药完全一样，只是商品名称不同而已。有的养鸡户只管药物的价格便宜，不顾其有效成分和质量以至于受骗上当。使用假冒伪劣的药品，不仅达不到治疗效果，还损伤了鸡体，得不偿失。

二、肉用仔鸡的育雏和肥育技术

肉用仔鸡从雏鸡到出售，一般分为育雏期和肥育期2个阶段。育雏期一般是从1日龄至3～4周龄，这个时期是给温期，也就是借助于供暖维持体温的生长初期。肥育期是从3～4周龄至出售（8周龄左右），此期最重要的是以通风换气为主的饲养管理。

育雏和肥育一样，都是养鸡的关键时期。其最佳生产力取决于幼雏生长初期的良好发育，只有满足了雏鸡舒适和健康的基本需要，才可能成功地培育出具有高产潜力的商品鸡。

（一）肉用仔鸡的生长特点

1. 早期生长速度快 在正常生长条件下，肉用仔鸡的早期生长速度十分迅速，一般肉用雏鸡出壳时体重40克，饲养56天后体重可达2000克左右，大约是出壳时体重的50倍。56天肉鸡体重的世界最高纪录是2880克，大群测试的纪录为2700克，目前6周龄已能达到1.82千克的水平。随着肉鸡遗传育种的进步，饲养管理的改善，今后有可能使肉用仔鸡的生长速度在30天内达到1.82千克的高水准。

2. 饲养周期短、周转快 在国内，肉用仔鸡从雏鸡出壳起一般饲养到8周龄可达到上市的标准体重，出售完毕后经15～21天空舍并打扫、清洗、消毒后再进鸡。基本上是 11 周就可饲养 1 批肉鸡，1 栋鸡舍 1 年可周转近 5 批次。有些饲养单位，其饲养周期更短，6 周龄上市体重就可达到 1.35 千克，每年至少周转 6 批。这样短的饲养周期是其他畜牧业所没有的。由于肉用仔鸡生产设备利用率高，资金周转快，所以它被称为"速效畜牧业"和畜牧业中的"轻工业"。

3. 饲料转化率高 饲养业发展的基本条件是饲料，而饲料的支出占养鸡成本的 70% 左右。所以，饲料转化率愈高，其每千克产品生产成本就愈低，由此带来的利润也愈大。

肉用仔鸡的生产具有省饲料的特点，这可从几种畜、禽的料肉比（消耗多少千克饲料能生产 1 千克肉的比例）中看得很清楚。肉用仔鸡的料肉比为 1.8～2 : 1，蛋鸡的料肉比为 2.6 : 1，而猪和兔的料肉比为 3.1 : 1，肉牛的料肉比为 5 : 1。随着肉用仔鸡早期生长速度的不断提高，因饲养周期缩短而带来的饲料转化率已突破 2 : 1 的大关，达到 1.72～1.95 : 1 的水平。所以，在国外的肉食品中肉鸡的价格最便宜。

4. 饲养密度大，单位设备的产出率高 肉用仔鸡喜安静，不好动，除了吃料饮水外，很少斗殴跳跃，特别是饲养后期由于体重迅速增加，活动量大减。虽然饲养密度随着鸡龄的增长而加大，但舍内的空气污浊程度较低，只要有适当的通风换气条件，一般在厚垫料平养的情况下，饲养密度可达 12 只 / 米 ^{2} 左右，出栏重量为 30～34 千克 / 米 ^{2}。这比在同等体重、同样饲养方式下蛋鸡的饲养密度增加了 1 倍。也就是说，用同一生产设施生产的肉鸡，由于其密度大（也不能无限增大），所生产的肉鸡总重量也大，单位活重所承担的间接费用（固定资产房舍与设备等）就少，有利于降低生产成本。

5. 劳动生产效率高 肉用仔鸡具有良好的群体适应能力，它不会密聚在一处，而是本能地具有分散生活的习性，适宜于大群饲养。它可以笼养、网养和平面散养，如平面散养每个劳动力可以管理 1 500～2 000 只肉用仔鸡，全年可以饲养 7 500～10 000 只。如果在舍内安装几条料槽，采用链板式送料，饮水采用自动饮水器或自流水，就可以大大提高劳动生产效率，每个劳动力可饲养 1 万 ~ 2 万只。

（二）雏鸡的选择与运输

1. 如何选择商品鸡雏

①选用良种　选用什么鸡种，请参看第二章相关内容。

②单一品种　1 个鸡场应饲养 1 个品种的鸡，1 个养殖地区（如村）以养殖 1 个品种为好。这是因为不同的品种各有不同的特定传染病，如果不同的品种饲养在一起，就可能发生疾病的交叉传染而难以控制。

③雏鸡外观选择　可以从诸多方面着手：出壳雏鸡应绒毛清洁、有光泽，眼大而有神，精神活泼、反应灵活；脚站立行走稳健，脚爪圆润，无干瘪脱水现象，无畸形；泄殖腔周围干爽；腹内卵黄吸收良好，腹部大小适中，脐环闭合良好；体态大小匀称；手握雏鸡有较强的挣脱力；雏鸡叫声清脆，不像体弱者鸣叫不止等。

2. 雏鸡的运输　应尽量避免长途运输雏鸡，万不得已运输时应注意以下几点。

第一，鸡雏出壳时间应未超过 18 小时。

第二，装箱要适量。最好用专门的运雏箱，雏鸡箱规格与装雏鸡数量见表 4-1。

表 4-1　运雏箱规格

规格（长 × 宽 × 高，厘米）	容纳雏鸡数（只）
15 × 13 × 18	12
30 × 23 × 18	25
45 × 30 × 18	50
50 × 35 × 18	80
60 × 45 × 18	100（常用）
120 × 60 × 18	200

第三，出发时间要适宜。夏季要在早晨或傍晚运输，避开高温时间；冬季最好在中午运输。为了途中不停留或尽量减少在途中的滞留时间，事前应加足车辆用油，带些方便食品随车就餐，尽早按时到达目的地。

　　第四，为避免因外力使箱中鸡雏倒向一侧而发生挤堆现象，途中运行速度要适中，一般控制在 40～50 千米 / 小时为好。特别是在路面状况不好及转弯时，更要放慢车速。

　　第五，要保持车厢内温度适宜和通风透气。雏鸡箱应码放整齐，并适当挤紧，以防止中途倾斜压坏雏鸡。夏季应在车厢底板上放垫板并洒水，以有利于通风及蒸发散热。车厢内温度应保持在 30℃～34℃，空气要新鲜。如温度过高，在打开空调降温的同时，也要打开车窗，以防止雏鸡因缺氧、呼吸困难而窒息死亡。

　　在运输途中，每隔半小时要观察 1 次雏鸡。如发现雏鸡张嘴、展翅、叫声刺耳、骚动不安，这是温度过高的表现；如发现雏鸡扎堆，并发出叽叽的鸣叫声，用手触摸鸡脚明显发凉，说明温度过低。当出现上述情况时，要及时将上下、左右、前后雏鸡箱对调更换位置，以利于通风散热或保温。当温度适宜时，雏鸡分布均匀，叫声清脆有力，活泼、好动、欢快，有时可见雏鸡啄垫纸，有觅食欲望，休息时呈舒适安逸状。

　　3. 雏鸡的安置　雏鸡到达目的地后，应立即将运雏箱搬进育雏舍，最好能按强弱分群，将弱雏放在舍内温度较高的地方饲养。

　　长途运输后的雏鸡，也可及时滴灌药水（由 0.05 克土霉素 1 片，加温水 10 毫升配成），每只鸡用眼药水瓶滴灌 2～3 滴，每灌 1 滴，都要等它咽下去后再灌。滴灌的好处在于：①补充初生雏鸡体内的水分，防止失水；②有助于初生雏鸡排出胎粪，增进食欲；③有助于吸收体内剩余的卵黄，促进新陈代谢；④预防疾病。

（三）饲养雏鸡的基本设备

1. 饲养设备

（1）保温设备

①地下烟道式育雏鸡舍　烟道加温的育雏方式对中小型鸡场和较大规模的养鸡户较为适用，它用砖或土坯砌成，结构多样（图4-1）。较大的育雏舍烟道的条数可多些，采用长烟道；较小的育雏舍可采用"田"字形环绕烟道。其原理都是通过烟道对地面和育雏舍空间加温。在设计烟道时，烟道进口的口径应大些，向出烟口处逐渐变小；进口应稍低些，而出烟口应随着烟道的延伸而逐渐提高。这样，有利于暖气的流通和排烟，否则将引起倒烟而不能使用。

②电热保姆伞　保姆伞可用铁皮、铝板或木板、纤维板，也可用钢筋骨架和布料制成，热源可用电热丝或电热板，也可用液化石

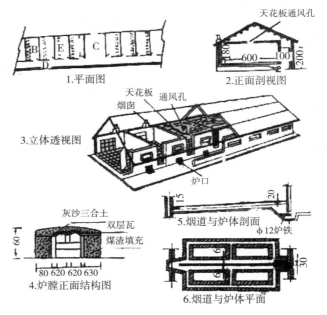

图 4-1　地下烟道式育雏鸡舍　（单位：厘米）

油气燃烧供热。电热保姆伞的伞顶，应装有电子控温器。1 个伞面直径为 2 米的电热保姆伞，可育雏 500 只左右。在使用前应将其控温调节器与标准温度计校对，以使控温准确。

此外，还有燃煤热风炉、燃气热风炉等。

（2）饲喂设备

①饲料浅盘　主要供开食及育雏早期使用。常见的饲料浅盘直径为 70 ～ 100 厘米，边缘高为 3 ～ 5 厘米，1 个浅盘可供 100 ～ 200 只雏鸡使用。目前，市场上已有高强度聚乙烯材料制成的饲料浅盘（图 4-2）销售。

②饲料桶　饲料桶可由塑料或金属做成，圆筒内能盛较多的饲料，饲料可通过圆筒下缘与圆锥体之间的间隙，自动流进浅盘内供鸡采食。目前，其容量有 7 千克及 10 千克的 2 种（图 4-3）。

这种饲料桶适用于垫料平养和网上平养，只用于盛颗粒料和干粉料。饲料桶应随着鸡体的生长而提高悬挂的高度，以其浅盘槽面高度高出鸡背 2 厘米为佳。

③自动料槽　自动喂料器包括 1 个供鸡吃食用的盘式料槽，及中央加料斗自动向盘式料槽中加料的机械装置。目前，以链板式喂料机最为普遍，其工作可靠，维修方便，最大长度可达 300 米。但若用以限制饲养，则靠近料斗处的鸡先吃到饲料并且吃得多，而且吃的大多是以碳水化合物为主的颗粒状饲料；靠近末端处的鸡吃得少，吃得大部分是细粉状的蛋白质饲料。克服此弊端的办法是，在天黑后将饲料注入料槽，在第二天早上鸡一开始采食就立即开动自动送料系统，并以 12.2 米 / 分的运转速度加快输送饲料。链板式料

图 4-2　饲料浅盘　　　　图 4-3　饲 料 桶

槽，每只鸡需要 2～3 厘米采食空间。

为克服链板式喂料机的弊端而发展起来的螺旋式给料器，是将饲料通过导管输送落入饲喂器盘内。每个直径 40 厘米的盘状料槽，可供 70～100 只鸡使用。

（3）饮水器与供水系统

①长流水塑料水槽　这种塑料水槽由槽体、封头、中间接头、下水管接头、控水管、橡皮塞等构成（图 4-4）。

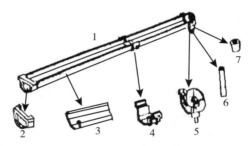

图 4-4　长流水水槽结构图

1. 外形　2. 封头　3. 水槽断端　4. 中间接头
5. 下水管接头　6. 控水管　7. 橡皮塞

水槽长度可根据鸡舍或笼架长度安装。安装时，只要将一根水槽插入中间接头，然后粘接即可。水位高低通过控水管任意调节。清洗水槽时，只要拔出橡皮塞，就可放尽其中的污水。

②钟形真空饮水器　利用水压密封真空的原理，使饮水盘中保持一定的水位，大部分水贮存在饮水器的空腔中（图 4-5）。鸡饮水后水位降低，饮水器内的清水能自行流出补充。饮水器盘底下有注水孔，装水时拧下盖，装水后翻转过来，水就从盘上桶边的小孔流出，直至淹没了小孔，桶里的水也就不再往外淌了。鸡喝多少水，就流淌多少水，保持水平面稳定，直至水饮用完为止。其型号有两种：一种为 9SZ-2.5 型，适用于 0～4 周龄的雏鸡，盛水量 2.5升，可同时供 15～20 只鸡饮水，其特点是雏鸡不易进入饮水盘内；另一种为 9SZ-4 型，适用于生长后期的肉用仔鸡和成年鸡，盛水量

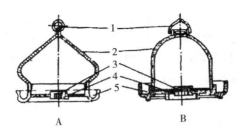

图 4-5 钟形真空饮水器
A. 9SZ-2.5 型　B. 9SZ-4 型
1. 吊环或提手　2. 饮水器　3. 闷盖　4. 密封圈　5. 饮水盘

4 升，可同时供 12～15 只鸡饮水，其特点是可以平置和悬挂。随着鸡体的生长，可随时调整高度。

③自动饮水器　自动饮水器主要用于平养鸡舍。可自动保持饮水盘中有一定的水量（图 4-6）。

饮水器通过吊襻用绳索吊在天花板上，顶端的进水孔用软管与主水管相连接，进来的水通过控制阀门流入饮水盘，供鸡饮用。为了防止鸡在活动中撞击饮水器而使水盘中的水外溢，给饮水器配备了防晃装置。在悬挂饮水器时，水盘环状槽的槽口平面应与鸡体的背部等高。

每个直径 40 厘米的吊钟式饮水器，可以供 70～100 只肉鸡饮水。

④乳头式饮水器　1 个乳头式饮水器可满足 12～22 只小鸡的饮水需要。

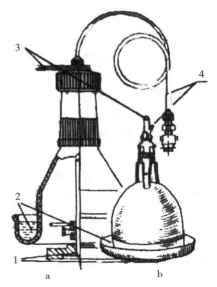

图 4-6 自动饮水器
a. 结构图　b. 实体
1. 防晃装置　2. 饮水盘　3. 吊襻　4. 进水管

采用自动喂料、乳头式饮水器等设施，虽在费用上比其他设施要贵些，但它们能保证饮水与饲料的卫生，减少大肠杆菌病的发生。同时，不仅可省水达60％以上，而且由于漏水较少，粪便干燥，鸡舍内部的氨气浓度也有所降低。

设施完善的供水系统，其自动饮水设备应包括过滤、减压、消毒和软化装置，饮水器及附属的管道。由于设备投资较大，各地可根据当地情况灵活安排。

2. 雏鸡饲养的基本条件　见表4-2。

表4-2　肉用仔鸡饲养的基本条件

基本条件	具体要求
饲养密度	初孵雏40～50只/米^2，1周龄30只/米^2，2周龄25只/米^2，3周龄20只/米^2，5周龄18只/米^2，6周龄15只/米^2，8周龄10～12只/米^2，出售前30～34千克/米^2
料　槽	第一周每100只雏鸡需要1个饲料盘或每100只雏鸡需要3米长两边可用的料槽，每鸡槽位约6厘米。每100只鸡2个圆形吊桶
饮水器	每100只雏鸡需4升容量的饮水器1个，如用水槽，则每只鸡占位2厘米
保姆伞	每个2米直径的保姆伞可容纳500只雏鸡
围　篱	高度45～50厘米，随鸡龄增大及季节变化，放置于保姆伞边缘60～160厘米处

3. 育雏的方式与选择　为满足雏鸡舒适和健康的基本需要，育雏期间的基本条件就是安装有温度调节设施的鸡舍。尽管育雏方式多种多样，但就其饲养方式来说，不外乎平面饲养和立体饲养两种。就其给温方式来说，归纳起来有3种类型：一是将热源安装在雏鸡的上方（简称上方热源）一定的高度，通过辐射热使雏鸡取暖，如保姆伞的加温方式；二是将热源安装在雏鸡的下方或在地面以下（简称下方热源），通过传导和对流方式，热量向上发散，使雏鸡的腹部乃至全身获得温暖，如地下烟道育雏等方式；三是将热

源安装在舍内，通过加热舍内空气使全舍温度上升，如烧煤炉、鼓热风等。不同的饲养方式，各有利弊。常见的育雏和给温方式见表4-3。

表4-3　常见的育雏和给温方式

饲养方式		上方热源	下方热源	整舍加温
平面饲养	地面平养	保姆伞、红外线、远红外	地下烟道、电热毯、地下暖管	煤炉
	平面网上饲养		地下烟道	热水管、鼓热风、煤炉
立体饲养	笼养		地下烟道	热水管、鼓热风、煤炉

（1）平面饲养　地面平养由于设备投资少，简单易行，操作方便，便于观察，能较好地减少胸囊肿的发生，是目前国内外普遍采用的饲养方式。平面饲养的给温方式有以下几种。

①地下烟道　这种供热装置的热源来自雏鸡的下方，可使整个床面温暖，雏鸡在此平面上按照各自需要的温度自然而均匀地分布，在采食、饮水过程中互不干扰，雏鸡排在床面上的粪便中的水分可很快被蒸发而干燥，有利于降低球虫病的发生率。此外，这种地下供温装置散发的热首先到达雏鸡的腹部，有利于雏鸡体内剩余卵黄的吸收；而且这种热气在向上散发的同时，可将舍内的有害气体一起带向上方，即使为排除污浊气体打开育雏舍上方窗户，也不至于严重影响雏鸡的保温。这种热源装置大部分是采用砖瓦泥土结构，花钱少。在实践中人们对地下烟道地面育雏予以肯定，其优点是：

第一，由于土层可起缓冲热的传导作用，当火烧旺时，热量不会立即传导到地面；炉火熄灭时，土层也不会立即冷却。所以，床面的热量散发均匀，地面和垫料暖和。由于温度由地面上升，雏鸡腹部受热较为舒适，有利于雏鸡的健康，对预防雏鸡白痢病也有较好的效果。

第二，由于地面水分不断蒸发而使垫料保持干燥，湿度小，有利于控制球虫病的发生。

第三，节省能源。烧煤的成本要比用电成本低。而地下烟道热源要比煤炉育雏的煤耗量至少可节省1/3。在开始升温时耗煤较多，一旦温度达到要求，其维持温度所需要的煤成本要少于其他供温方式。

第四，有利于保温和气体交换。由于没有煤炉加温时的煤烟味，大大提高了舍内空气的新鲜程度。

第五，由于是加温地面，因此育雏舍的实际利用面积扩大了，方便了饲养人员的饲养操作和对鸡群的观察。

第六，设备开支要比其他供温方式少。

由于有上述优点，这种地面育雏方式已被许多中、小型鸡场及较大规模的专业养鸡户所采用。在设计地下烟道时，烟道进口处的口径要大些，走向出烟口应逐渐变小，而且烟道进口处要置于较低位置，出口处的位置应随着烟道的延伸而逐渐升高，这样有利于暖气流通和排烟。

②地下暖管　在育雏舍地坪下埋入循环管道，在管道上铺盖导热材料。管道的循环长度和管道的间隔应根据育雏舍大小设计。其热源可用暖气或工业废热水循环散热加温，后者可节省能源和降低育雏成本，较适于在工矿企业附近的鸡场采用。

采用地下暖管方式育雏的，大都在地面铺10～15厘米厚的垫料，多使用刨花、锯末、稻壳和切短的稻草，有的铺垫米糠（用后可连同鸡粪一起喂猪）。垫料一定要干燥、松软、无霉变，且长短适中。为防止垫料表面的粪便结块，可适当地用耙齿将垫料抖动，使鸡粪落入下层。一般在肉鸡出场后将粪便与垫料一次性清除干净。

③保姆伞　其热源来自雏鸡上方（相关内容见第一章）。在使

用过程中，可按不同日龄鸡对温度的不同要求来调整调节器的旋钮。伞的边缘离地高度相当于鸡背高的2倍，雏鸡能在保姆伞下自由活动。伞内装有功率不大的吸引灯日夜照明，以引诱幼雏集中靠近热源。一般经3～5天待雏鸡熟悉保姆伞后，即可撤去吸引灯。在伞的外围用苇席围成小圈，暂时隔成小群。随着日龄增长，围圈可由离保姆伞边缘60厘米逐渐扩大到160厘米，到1周左右可拆除，地面铺垫料。保姆伞育雏的优点是，可以人工调节温度，升温较快而且平稳，舍内清洁，管理也较方便。但要求舍温在15℃以上时保姆伞工作才能有间歇，否则因持续保持运转状态会有损于它的使用寿命。保姆伞外围的温度，不利于雏鸡的采食、饮水等活动，因此，通常情况下需采用煤炉来维持舍温。用两种热源相配合来调节育雏舍内的温度，即使保姆伞可以保持正常工作状态，而保姆伞内外温差也不大，利于雏鸡的健康成长。这种方式育雏的效果相当好，已为不少鸡场所采用。

④红外线灯　使用红外线灯，悬挂于离地面45厘米高处。若舍温低时，可降至离地面35厘米处。但要时常注意防止灯下局部温度过高而引燃垫料（如锯末等），并逐步提升挂灯的高度。据称，每盏250瓦的红外线灯保育的雏鸡数为：舍温6℃时70只，12℃时80只，18℃时90只，24℃时100只。采用此法育雏，在最初阶段最好也应用围篱将初生雏鸡限制在一定的范围之内。此法缺点是灯泡易损，耗电量大，费用支出多。

来自雏鸡上方的热源，不管用不用反射罩，雏鸡是靠辐射热来取暖的。由于这种装置除了保温区外，辐射热很难到达保温区以外的地面，尤其在寒冷的冬季，如不采用煤炉辅助加温，而单靠上方热源是很难提高舍温的。雏鸡始终挤在辐射热的保温区内，容易引起挤压死亡。

⑤煤炉　不少养鸡户利用煤炉来加热舍温。煤炉可用铁皮制成，或用烤火炉改制。炉上应有铁板或铸铁制成的平面盖，炉身侧面上方留有出气孔，以便接通向舍外排出煤烟的通风管道。煤炉下

部侧面（相对于出气孔的另一侧面）有一进气孔，有用铁皮制成的调节板，由进气孔和出气管道构成吸风系统，由调节板调节进气量以控制炉温。出气管道（俗称炉筒）的散热过程就是对舍内空气的加热过程。所以，在不妨碍饲养操作的情况下，炉筒在舍内应尽量长些。炉筒由炉子到舍外要逐步向上斜伸，到达舍外后应折向上方且超过屋檐口为好，以利于烟气的排出。否则，有可能造成烟气倒逸，致使舍内烟气浓度增大。煤炉升温较慢，降温也较慢，所以要及时根据舍温添加煤炭和调节进风量，尽量不使舍温忽高忽低。此法适用于小范围的育雏。在较大范围的育雏舍内，常常与保姆伞配合使用。如果单靠煤炉加温，尤其在冬季和早春，要消耗大量的煤炭，还往往达不到育雏所需要的温度。

⑥平面网上饲养的供温　平面网养可使鸡与粪便隔离，有利于控制球虫病。网眼大小一般不超过 1.2 厘米×1.2 厘米，可用铁丝网或特制的塑料网板，也可用竹子制成网板。其加温方式可采用地下烟道式，也可采用煤炉、热气鼓风等方式整舍加温。

（2）立体饲养　立体饲养主要是笼养。育雏笼由笼架、笼体、料槽、水槽和承粪盘组成。笼的式样可按房舍的大小来设计，留出饲养人员操作的空间。一般笼架长 2 米、高 1.5 米、宽 0.5 米，离地面 30 厘米，共分 3 层，各层高 40 厘米，每层可安放 4 组笼具，上、下笼之间应留有 10 厘米的空隙放承粪盘。笼底可用铁丝制成，网眼不超过 1.2 厘米×1.2 厘米。笼养的育雏舍内，加温的办法较多，可用暖气管、热水管加热，也可用地下烟道或舍内煤炉加温。

笼养优点：①能有效地提高鸡舍面积的利用率，增加饲养密度；②节省垫料和热量，降低生产成本；③提高劳动生产率；④有利于控制球虫病的发生和蔓延。

但笼养（含网上平养）会使肉用仔鸡患腿病和胸囊肿病的比率增加。为减少患病，可运用具有弹性的塑料笼底。国外已有从初生雏直到出场都饲养在同一笼内的塑料鸡笼，出售时连笼带鸡一起装去屠宰场，宰杀后将鸡笼严格消毒后再运回，这样可大大节省劳动力。

育雏的方式，在生产中多种多样，如"先地后笼"，即育雏期在地面饲养，肥育时期上笼饲养，这样育雏舍面积可缩小，有利于保温。到肥育期，鸡体增大，饲养面积要扩大。此时也是球虫病易发时期。所以，这时上笼既可缩小占用房舍建筑面积，提高房舍的利用率，又可以节省垫料和减少球虫病的威胁。

在使用能源方面，群众中也有不少创造。例如，江苏省有的农村利用锯末燃料，用大型油桶制成类似吸风装置的煤炉，在装填锯末时，在炉子中心先放一圆柱体，然后将锯末填实四周，压紧后将圆柱体拔出，使进风口至出气管道形成吸风回路，然后在进风口处引燃锯末，关小进风口让其自燃，此设备发热均匀，可以解决能源比较紧张地区的燃料困难，也可节省开支。使用这种锯末炉的关键是要将锯末填实，否则锯末塌陷易熄火。

总之，无论何种饲养方式，肉用仔鸡都要采用"全进全出"的生产方式。同一批肉用仔鸡，同一天进雏，同一天出售，之后对全部养鸡设施彻底消毒处理，并使鸡舍有 15～21 天空舍时间，可以完全中断疫病的传播环节，使每批雏鸡的育雏都可以有一个"清洁的开端"。

4. 进雏前的准备工作

（1）**饲养计划的安排**　应根据鸡舍面积，确定同一鸡舍既作育雏又作肥育用，还是育雏与肥育分段养于不同鸡舍，然后按照饲养密度计算可能的饲养数量。根据饲养周期，确定全年周转的批次。订购雏鸡时应选择鸡种来源及质量可靠的单位，在饲养前数月预订，以保证按商定的日期准时提货。

（2）**饲料的准备**　为了满足肉用仔鸡快速生长的需要，应按照有关饲料配方配制全价饲料。用户应根据自己的饲养品种，向供种单位索要相关资料供参考用。首先要查阅肉用仔鸡的饲粮营养标准，如星波罗肉用仔鸡的饲粮营养标准，见表4-4。

表 4-4　星波罗肉用仔鸡饲粮营养标准

营养指标	1～4 周	5～8 周
代谢能（兆焦 / 千克）	12.93	13.39
粗蛋白质（%）	23	20
钙（%）	1.0	1.0
磷（可利用磷）（%）	0.4	0.4
粗脂肪（%）	3～5	3～5
粗纤维（%）	2～3	2～3
赖氨酸（%）	1.20	1.00
蛋氨酸（%）	0.47	0.40
胱氨酸（%）	0.37	0.32
蛋氨酸＋胱氨酸（%）	0.84	0.72
色氨酸（%）	0.23	0.20

其次是根据营养标准列出各阶段不同原料组配的饲料配方，见表 4-5。

表 4-5　肉用仔鸡饲料配方　（%）

饲料与指标		1～4 周			5 周至出栏		
		配方 1	配方 2	配方 3	配方 4	配方 5	配方 6
选用原料	玉米	54.5	56.5	58	55	59	68
	麸皮	8.2	7.2	6.7	5.5	—	3.5
	米糠	—	—	—	4.7	—	—
	碎小麦	5	5	3	—	8	—
	油脂	—	—	—	3	3	—
	大豆饼	25	16	15	18.5	20.7	18.2
	棉籽饼	—	5	—	3.5	—	—
	菜籽饼	—	—	5	—	—	—
	鱼粉	5	8	10	7.5	7	8
	骨粉	1.5	1.5	1.5	1.5	1.5	1.5

续表 4-5

饲料与指标		1～4 周			5 周至出栏		
		配方 1	配方 2	配方 3	配方 4	配方 5	配方 6
选用原料	添加剂 *	0.5	0.5	0.5	0.5	0.5	0.5
	食　盐	0.3	0.3	0.3	0.3	0.3	0.3
	合　计	100.0	100.0	100.0	100.0	100.0	100.0
营养指标	代谢能（兆焦 / 千克）	12.13	12.13	12.18	12.64	12.64	12.64
	粗蛋白质	20.20	19.90	20.60	19.60	19.20	19.00
	粗纤维	3.40	4.00	3.90	4.00	2.53	2.72
	钙	0.88	0.97	1.06	0.96	0.93	0.97
	磷	0.32	0.34	0.36	0.34	0.34	0.34
	赖氨酸	1.09	1.03	1.14	1.07	1.04	1.03
	蛋氨酸	0.79	0.86	0.79	0.65	0.61	0.65

* 添加剂由复合维生素、微量元素和蛋氨酸组成。

在此基础上，可参照肉用仔鸡各周龄饲料消耗量的标准，如海布罗肉用仔鸡各周的饲料消耗量，见表 4-6。

表 4-6　海布罗肉用仔鸡饲料消耗量

周　龄	每 1000 只鸡的饲料量（千克）		
	天	周	累　计
1	13	91	91
2	41	287	378
3	68	476	854
4	89	623	1477
5	108	756	2233
6	118	826	3059
7	134	938	3997
8	150	1050	5047
9	164	1148	6195

如果自行配制饲料，可根据饲料配方、每周的饲料消耗量及饲养的数量，可以大致计算出每种饲料原料的需要量。

如果购买市售配合饲料，必须了解配合饲料的能量与粗蛋白质的含量及配合饲料的质量。

（3）育雏舍及用具的消毒　肉用仔鸡的饲养，用时较短，无论采用何种饲养方式，都处于大群密集的状态。一旦病原体侵入，其传播速度是极快的，往往会引起全群发病，一般至少会降低生长速度15%～30%，严重的则造成死亡，导致亏损。所以，饲养肉用仔鸡的房舍、场地必须严格隔离和彻底清洗消毒。对所有用具，如饮水器、料槽、开食盘、齿耙、锹、秤、水桶等用3%来苏儿液浸泡消毒，再用清水冲洗干净，晒干备用。在此基础上，检查和维修好所有的设备，并将上述用具及备用物品、垫料、保姆伞、煤炉及其管道、围栏、灯泡、温度计、扫把、雏鸡箱等密封在育雏舍内（要用纸条封住缝隙）。按每立方米空间用42毫升40%甲醛和21克高锰酸钾进行熏蒸消毒。鸡舍密封后，在地面适当洒水，提高空气湿度，增强消毒作用。然后在适当的容器内，先倒入少量水，倒入40%甲醛，再倒入高锰酸钾，随即人员迅速撤离关门。为节省开支，也可不加高锰酸钾而用火加热，使40%甲醛在短时间内蒸发，但要防止失火。鸡舍密封1天后，打开门窗换气。熏蒸消毒时要求温度不低于20℃，空气相对湿度为60%～80%。

育雏舍门口要设置消毒池，饲养人员进出育雏舍和鸡舍要更换衣、帽、鞋，用2%新洁尔灭溶液洗手消毒。

（4）试温　雏鸡进舍前2～3天，对育雏舍、保姆伞和其他保温装置进行温度调试，检查设施运转是否正常，以免日后正式使用时出现故障而影响生产。由于墙壁、地面都要吸收热量，所以必须在雏鸡入舍前36小时将育雏舍升温，尤其在冬季，使整个房舍内的温度均衡。

（5）垫料等用具的安放　进雏前先铺5厘米厚的垫料，要求垫料干燥、清洁、柔软、吸水性强、无尖硬杂物，切忌使用霉烂、结块的垫料。全部用具应按图4-7所示各就其位。在保姆伞周围间隔放置饮水器与饲料盘。

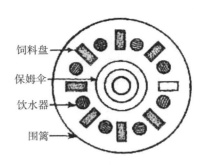

饲料盘

保姆伞

饮水器

围篱

图4-7　围篱内的器具放置

（四）雏鸡的饲养与管理

育雏期是肉用仔鸡整个饲养过程中的一个关键阶段。在了解肉用仔鸡的生理特点、生活习性和营养需求的基础上，就能自如地做好接雏前的准备工作，为雏鸡创造一个良好的环境，给予周到的护理，使肉用仔鸡能按预期目标增重，以提高经济效益。

1. 把握好初生雏的"开水"与"开食"关

（1）饮水　必须让雏鸡迅速学会饮水，最好在雏鸡出壳后24小时内给予饮水。这是因为初生雏鸡从较高温度和湿度的孵化器中出来，又在出雏室内停留，加上途中运输，其体内丧失的水分较多，所以①适时饮水可补充雏鸡生理上所需要的水分，有助于促进雏鸡的食欲，软化饲料，帮助消化与吸收，促进胎粪的排出。②鸡体内含有75%左右的水分，在体温调节、呼吸、散热等代谢过程中起着重要作用，产生的废物如尿酸等也要由水携带排出。③如果不及时给雏鸡饮水会使其脱水、虚弱，而虚弱的雏鸡就不可能很快学会饮水和吃食，最终生长发育受阻，增重缓慢，成为"僵鸡"。

初生雏第一次饮水称为"开水"，一般开水应在"开食"之前。具体做法应在雏鸡出壳后不久即可饮水，水温以16℃以上为好。在雏鸡入舍安顿好后，稍事休息，3小时内让其饮5%葡萄糖和0.1%维生素C水，缓解运输途中引起的应激，促进体内有害物质的排泄。有资料表明，补液饮水供足15小时，可降低第一周内雏鸡的死亡率。

细节决定成败，为了保证"开水"的成功，需做好以下工作：

①应配置较多的饮水器，若1个育雏器（如保姆伞）饲育500只雏鸡，在最初1周内应配置10只以上的小号饮水器，放置于紧挨保姆伞边缘的垫料上。饮水器放置的高度与料槽一样，应逐步升高，其缘口应比鸡背高出2厘米（图4-8）。撤换饮水器时，应逐步进行。

图4-8　料槽（左）及饮水器（右）的安放高度

②雏鸡一旦饮水以后，不可断水。经常检查饮水器出水孔处有无垫料等异物堵塞。如果断水时间较长，当雏鸡看见水后，由于口渴狂饮，喝水过多而造成腹泻致死；也有的因为争水喝而弄湿绒羽，饮水后挤在一起取暖，易造成死亡或引发疾病。

③要注意避免饮水器发生故障而弄湿垫草，造成氨气浓度升高和诱发球虫病及其他细菌性疾病。

④在"开水"期间还应增加光照度，满足雏鸡饮水充足。

⑤肉鸡的饮水量在通常情况下，是其采食量的1～2倍。表4-7是塔特姆肉鸡的饮水量及采食量（供参考）。如能每天记载肉鸡的饮水量，监测其变化，有助于早期发现鸡群可能发生的病态变化。

表4-7　塔特姆肉鸡各周龄每日饮水量及采食量

周　龄	1	2	3	4	5	6	7	8	9
水（升/1000只）	34	53	76	95	121	151	178	204	219
料（千克/1000只）	16	35	42	62	84	93	140	153	181

（2）**开食** 开食和开水一样，是雏鸡饲养中的关键环节，一般开食应在出壳后 24～36 小时开食。实际饲养时，在雏鸡饮水 2～3 小时后，有 60%～70% 的雏鸡可随意走动，并用喙啄食地面，有求食行为时，应及时开食。开食的早晚，直接影响初生雏鸡的食欲、消化和生长发育。雏鸡消化器官容积小，消化能力差，过早开食有害于消化器官。但由于雏鸡生长速度快，新陈代谢旺盛，过迟开食又会消耗尽雏鸡的体力，使之变得虚弱，影响生长和成活。

开食最好能安排在白天，增加光照强度，使每只雏鸡都能看到饲料。开食时，需注意以下几点。

①饲养人员嘴里发出呼唤声，诱鸡吃食，将饲料从手中慢慢地、均匀地撒向饲料盘内或旧报纸上，边撒边唤，开始有几只雏鸡跑来抢吃，随后多数雏鸡跟着就会来吃食。

②饲养人员注意观察，将不吃食的雏鸡捉到抢食吃的雏鸡中间去，使其慢慢地学会吃食。

③每次饲喂时间为 30 分钟左右，检查雏鸡的嗉囊约有八成饱后可停止撒料，减少光照强度或拉上窗帘，使雏鸡休息。以后每隔 1～2 小时再喂 1 次，一般当天就可全部学会啄食。3 日龄内，每隔 2 小时喂 1 次，夜间可停食 4～5 小时；3 日龄后逐渐减少喂食次数，但每天不得少于 6 次。

④有条件的，可饲喂破碎的颗粒饲料，既可刺激鸡的食欲，又保证了全价营养，同时减少了饲料浪费。尽量使雏鸡都能在第一天开食时学会啄食，吃到半饱，否则将影响其生长发育及群体整齐度。

⑤从第二天、第三天开始，间断向料槽内添加饲料，以吸引雏鸡逐渐适应在料槽采食，同时逐渐撤去饲料盘，1 周内至少还得保留 1～2 个料盘。料槽数量可参照饲养条件的要求安排，以充分满足肉鸡采食的需要。

⑥个别不吃食的鸡，需要进行调教，可用 5% 葡萄糖水滴灌。

2. 雏鸡的温度管理

（1）**育雏温度** 刚出壳的雏鸡，腹部还残留着尚未被吸收的蛋黄，在出壳后 3～7 天，其所需的营养主要来自于这些剩余蛋黄。如果雏鸡腹部得到适宜的温度，将有助于剩余蛋黄的吸收，从而增强雏鸡的体质，提高成活率，尤其在孵化不良而弱雏较多的情况下，提高育雏的温度是必需的。

雏鸡 15～20 日龄时，其体内温度调节功能才渐趋完善，这时它才能保持体温处在恒定的状态，如果在此之前保温设施达不到雏鸡对外界温度的要求，雏鸡不但不能正常生长，而且也难于存活。

温差育雏法：保持合适的温度是育雏的关键。育雏的温度包括育雏舍和育雏器的温度，而舍温比育雏器的温度要低，这样就形成一定的温差，使空气发生对流。这种"温差育雏"的方法比较理想。其育雏环境温度有高、中、低之别。以保姆伞育雏而言，其舍温低于伞边缘处温度，而伞边缘处温度又低于伞内，由于温差的原因，促使空气对流，达到空气新鲜，也使雏鸡能自由选择适合自己的温度。采用此法，可锻炼提高鸡群抗温度变化和抗应激的能力。

大多数人认为，在入雏第一周内的温度最重要，尤其是前 3 天的温度可稍稍定得高些。在整个育雏期间，必须给雏鸡创造一个平稳、合适、逐渐过渡的环境温度，切忌温度忽高忽低。

表 4-8 是育雏期内各周比较合适的温度。

表 4-8　育雏适宜温度

周　龄	育雏器温度（℃）	舍内温度（℃）
0～1	35～32	24
1～2	32～29	24～21
2～3	29～27	21～18
3～4	27～24	18～16
4 周以后	21	16

采用保姆伞育雏时，伞内的温度第一周为 35℃～32℃。舍内远离热源处应保持在 26℃～21℃ 为宜。随着周龄的增长，育雏温

度可按每周下降 3℃进行调整，直到伞温与舍温相同为止。

测温的具体做法是：测温应在保姆伞的边缘距垫料 5 厘米高处，也就是相当于雏鸡背部水平的地方，用温度计测量。测量舍温的温度计应挂在距离保姆伞较远的墙上，高出垫料 1 米处。

（2）创造平稳、合适、逐步过渡的温度环境　保姆伞虽有温度调节器调控温度，舍内又有温度计指示，但由于温度计有时会失灵，再加之鸡群本身情况及环境变化多端，因此，还应该根据雏鸡的动态来判断用温是否合适。温度适宜时，雏鸡精神活泼，食欲良好，夜间均匀散布在育雏器（热源）的四周，舒展身体，头颈伸直，贴伏于地面熟睡，无不安的鸣叫，鸡舍极其安静。温度低时，雏鸡聚集在一起或靠近热源，叫声尖而短，拥挤成堆，喂料时鸡群不敢走出来采食。温度高时，雏鸡远离热源，张口喘气，大量饮水，脚、嘴充血发红。育雏舍有贼风时，雏鸡常挤在背风的热源一侧（图 4-9）。

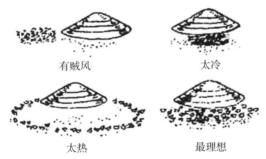

有贼风　　　　　　　　太冷

太热　　　　　　　　最理想

图 4-9　依据雏鸡分布情况判断温度是否适当

从育雏的第一周龄起，应用竹篾或芦席等做成高 45～50 厘米的围篱，围篱与保姆伞边缘之间的距离，一般夏季为 90 厘米，冬季为 70 厘米。待雏鸡习惯到热源处取暖后，就可以将围篱的范围逐渐向外扩展，使雏鸡有更大的活动场所。一般在 3 天后开始扩大，到 6～9 天就可以拆除围篱。使用其他热源的，也要以热源为中心，适当地将雏鸡围起来。如热源为煤炉，则应将煤炉周围用砖砌起来，防止雏鸡进入煤炉附近而烧焦。尤其是房屋的死角处，要用围篱靠墙壁边缘围起来，消灭死角，以免雏鸡在死角处拥挤堆压而死。

当舍外温度很低，舍内热源散发的余热又不可能使育雏舍内维持足够高的温度而使雏鸡感到不舒适时，可采用紧靠围篱外边缘，从近天花板处吊挂塑料薄膜帘子垂直接近地面的办法，将幼雏时期使用的房舍面积隔小；也可将热源置于鸡舍的中间，让两端空着。这样，缩小了育雏的空间，既可提高局部空间的温度，又可减少燃料的消耗。

保证育雏所需的温度，还必须使温度恒定，不能忽高忽低。强调保温时，绝不能忽视空气的流通，保持舍内空气新鲜。饲养人员可凭感觉测定，当进入鸡舍闻到刺鼻的氨味或浓厚的碳酸气味时，应打开门窗通风换气，注意不能使冷风直接吹到雏鸡身上，检查门窗有无漏风。漏风处及时堵塞，以防雏鸡发生感冒等呼吸道疾患。

育雏期间的温度控制，应随季节、气候、育雏器种类、雏鸡体质等情况灵活掌握。

（3）做好脱温工作　幼雏转入中雏前，要做好后期的脱温工作。所谓脱温，就是逐步停止加温。脱温的适当时期与季节有关：春季育雏，1个月左右脱温；夏季育雏，只要早、晚加温4～5天就可以脱温；秋季育雏，一般2周左右脱温；冬季育雏脱温较迟，至少要45天。特别是在严寒季节，鸡舍保温性能比较差的，要生炉子适当提高舍温，加厚垫草，但加温不必太高，只要鸡不因寒冷蜷缩就可以。

脱温要逐渐降低温度，最初白天不给温，晚上给温，5～7天后雏鸡逐渐习惯于自然舍温，这时可完全不加温。千万不可把温度降得过快，温度的突然变化，容易诱发雏鸡的呼吸道疾病。

3. 通风换气　通风换气的作用是使育雏舍内的污浊空气排出，换入新鲜空气，并调节室内的温度和湿度。

幼雏虽小，但生长发育迅速，代谢旺盛，加之密集饲养，呼出的二氧化碳、粪便、垫料散发的氨气和其他有害气体，使舍内空气变得污浊，对雏鸡生长发育极为不利。试验表明，育雏舍内二氧化碳超过 3 000 毫克/米³，氨气超过 20 毫克/米³，硫化氢气体超过 10 毫克/米³ 时，都会刺激雏鸡的气管和支气管黏膜，削弱机体抵抗力，诱发呼吸道疾病。

保温要与通风换气协调好，提高鸡舍温度的现实方法是增加供暖能力，而不是减少通风。有些鸡场为了保持舍内温度，采用煤炉或是木炭火加温，门窗紧闭，门口还用棉帘挡住，由于晚间工作人员通过门口次数减少，在封闭的育雏舍内，煤或木炭燃烧时耗去了很多氧气，容易造成雏鸡窒息。还有的为了提高舍内的温度而将炉盖打开，使炉筒失去作用，结果煤炭燃烧时产生的一氧化碳全部留在舍内，以致造成煤气中毒事故。

通风切忌贼风和穿堂风。如果育雏舍有南、北气窗（指窗户的上方有 2 扇可以自由开启的小窗），则在开气窗时要注意风向。冬季西北风大，北面气窗应关闭。在开南面气窗时，将靠西边一侧的一扇窗打开，其窗面正好挡住西边的风，不至于让风直吹舍内。在中午，外界气温上升、风小时，可打开北面气窗，以加快空气流通，但时间不能过长，风力不能太大。没有气窗的，可将窗户上部的玻璃取下一块，改造成一个活动的小气户。另外，也可在天花板上开几个排气孔，使混浊的空气从舍顶排出。如果舍内用塑料薄膜隔开，最好在安装塑料薄膜时分成上、下 2 截，上方一块高度在 80～100 厘米，它覆盖在下方一块塑料薄膜上，下方一块塑料薄膜的顶端离开天花板约有 60 厘米，上、下两块塑料薄膜可重叠 20～40 厘米，当要通风换气时，可以先提高舍温，再移动上方一块塑料薄膜。这样换气，就是有风也不会直接吹到雏鸡身上。

通风换气的基础是温度，尤其在冬季需要供暖设施和保温隔热设施的保障。鸡舍内空气污浊、缺氧时，应毫不迟疑加大换气。

4. 保持适宜的湿度　湿度大小对雏鸡的生长发育关系很大。雏鸡从相对湿度 70% 的出雏器中孵出，如果随即转入干燥的育雏舍内，不利于吸收腹中剩余蛋黄；也导致雏鸡脱水，脚爪干瘪，饮水过多又容易引起腹泻。

所以，在育雏的前10天内，应保持舍内空气相对湿度60%～65%。措施：将水盘（耐火）或水壶放在火炉上沸腾蒸发，或在墙上喷水。

随着日龄的增长，雏鸡的呼吸量和排粪量也相应增加，育雏舍内容易潮湿。因此，防止饮水器跑、冒、漏水，加强通风换气，勤换或勤添加干垫料，使其充分吸收湿气。还可以在垫料中添加过磷酸钙，其用量为每平方米0.1千克。此外，在建造鸡舍时，应选择高燥的地势，适当垫高舍内地坪。

舍内湿度过大，病菌和虫卵大量繁殖，容易发生雏鸡曲霉菌病和球虫病，特别是在梅雨季节。

5. 正确用光 肉用仔鸡在育雏期间的光照来源于2个方面。

（1）阳光 阳光具有杀菌、消毒以及保持室内温暖干燥的作用。阳光中的紫外线能促进雏鸡健康，帮助形成维生素D，有利于钙、磷的吸收和骨骼的生长，防止佝偻病和软脚病的发生。但阳光中的紫外线大多被玻璃阻挡不易透入舍内，所以一般在雏鸡出壳4～5天后，在无风、温暖的中午适当开窗。7日龄后，在天气晴朗无风日，可放到室外运动场活动15～30分钟，以后逐渐延长活动时间。放雏鸡到舍外之前一定要先将窗户打开，逐渐降低室温，待舍内、外温度相差不大时才能放出，以防受凉感冒。

（2）灯光 正确的用光，还要有灯光的配合，包括光照时间和光照度2个方面。

通常雏鸡每天光照23小时，有1小时黑暗是为了使雏鸡习惯于黑暗环境下生活，不至于因偶然停电灭灯而惊慌造成损失。仔鸡的光照时间每天不应少于20小时。

出壳后前3天的幼雏，视力弱，为保证其采食和饮水，光照度每平方米2.5～3瓦。以后逐渐减弱，保持在每平方米1～1.5瓦。光照度过强会引起雏鸡烦躁不安，易惊慌，增重慢，耗料多。

6. 合理的饲养密度 饲养雏鸡的数量应根据育雏舍的面积来确定。切忌密度过大，否则会影响舍内卫生条件，造成湿度过大，空气污浊，雏鸡活动受到限制，容易发生啄癖，群体应激反应大，鸡只生长不良，增加死亡率；密度过小，则不能充分利用人力和设备条件，降低鸡舍的周转率和劳动生产率。

雏鸡的饲养密度与鸡生长阶段鸡舍的构造、育雏季节、通风条件、饲养管理水平等，都有很大的关系。

育雏饲养密度可参见表4-9。

表4-9 肉用仔鸡的饲养密度 （单位：只/米^2）

周 龄	育雏舍（平面）	肥育鸡舍（平面）	立体笼饲密度	技术措施
0～2	40～25	—	60～50	强弱分群
3～5	20～18	—	42～34	公母分群
6～8	15～10	12～10	30～24	大小分群
出栏前	—	体重30～34千克/米^2	—	—

7. 垫料管理 铺放垫料的目的之一是吸收鸡粪中水分，使之干燥。因此，垫料必须具有干燥、松软和吸水性强的特点。常用的垫料有切短的稻草、锯末、稻壳、刨花和碾碎的玉米穗轴等。饲养期间，应定期抖松垫料，使鸡粪落入底层，防止在垫料表层结块。在逐步添加垫料时，将潮湿结块的垫料清除出去。在炎热的天气更要重视垫料管理，此时鸡群饮水多，绝大部分通过粪便排出到垫料中。因此，必须加强通风换气，也可在垫料中按每平方米添加过磷酸钙0.1千克来吸湿。否则，高温高湿引起垫料发酵，产生高热及氨气等，将影响鸡群的正常生长。

目的之二是，防止鸡胸部与坚硬的地面接触而发生囊肿。垫料厚度不少于5厘米。据统计，肉用仔鸡胸囊肿的发生率与垫料的质地关系密切，用刨花作垫料的肉用仔鸡胸囊肿发生率为7.5%，细锯末垫料为10%。陈旧的锯末由于含水量高，真菌较多，不宜使用；

新锯末的含水量往往较高，要在太阳下翻晒干燥后再用。

8. 分群饲养 为了有利于所有的仔鸡都能吃饱、喝足，生长均匀，必须按强弱、公母、大小分群管理。可在每天喂料时观察，检查弱雏，凡被挤出吃食圈外或呆立不食的，均应捉出集中在另外一个圈内，给予充足的料槽和水盆，进行精心喂养。

公、母肉用仔鸡生长速度不一样，日龄越大，差别越明显，分群饲养可以提高均匀度。

9. 减少胸囊肿的发生率 胸部囊肿是肉用仔鸡的常见疾病。由于肉用仔鸡早期生长快、体重大，在胸部羽毛未长出或正在生长的时候，鸡只较长时间卧伏在地，鸡的龙骨承受全身的压力，胸部与结块或潮湿的垫草接触、摩擦，继而发生皮肤硬化，形成囊状组织，内部逐渐积累一些黏稠的渗出液，呈水疱状，颜色由浅变深。

为防止和减少发生率，可采取下述措施。

一是尽可能保持垫料的干燥、松软，有足够的厚度。定期抖松垫料，防止垫料板结，使鸡粪下沉。及时更换潮湿结块的垫料。

二是设法减少肉用仔鸡的卧伏时间。减少每次的喂量，适当增加饲喂次数来促使鸡只增加活动量。

三是采用笼养或网上饲养的，必须加一层弹性塑料网垫，以减少胸囊肿的发生。

（五）肉用仔鸡的快速肥育

目前，市场上有两类商品肉鸡：一是处于 8 周龄甚至在 6 周龄之前的幼龄肉用仔鸡。采用品系配套杂交方式，充分利用杂种优势与高效的饲料转化率来达到高速生长，但在生理上还未达到性成熟。二是利用 8 周龄前生长缓慢、性成熟较早的特性，用全价饲料饲喂 13～14 周龄的母鸡，其性发育已成熟，且具有一定肥度，临近产蛋的青年小母鸡，经肥育而成的肉鸡，典型的是广东的"项鸡"。为区分一般前者称为"快速型肉用仔鸡"，后者称为"优质型肉用仔鸡"。

1. 快速型肉用仔鸡的肥育　这类肉用仔鸡从脱温到出栏仅需5～6周，有人称其为肥育。利用仔鸡早期生长发育特别快的特性，进行合理的饲养管理。要实现重4～5倍的增长速度，主要应适时调整日粮营养水平，并设法增加其采食量。

（1）适时更换饲料配方　根据肉用仔鸡不同生长发育阶段的营养需求更换饲料是快速肥育的重要手段。雏鸡4周龄前为生长期，能量和蛋白质并重；4周龄至出售阶段为后期，又称肥育期，这一时期不仅长肉快，而且体内还将积蓄一部分脂肪，所以后期饲粮中代谢能要高于前期，而粗蛋白质又略低于前期。肉用仔鸡不同时期能量与蛋白质的需求量见表4-10。

表4-10　肉用仔鸡对能量和蛋白质的需求量

营养成分	1～4周	5～9周
代谢能（兆焦／千克）	12.13	12.55
粗蛋白质（％）	21.00	19.00
蛋白能量比（克／兆焦）	17.20	15.06

（2）提高营养浓度，增大采食量　要想实现肉用仔鸡长得快、早出栏，除了肉用仔鸡本身的遗传因素外，主要的措施是提高饲粮的营养浓度和设法让鸡多吃。

①提高饲粮的营养浓度　对肥育起主要作用的是能量饲料，因此，在饲料配合中应增加能量饲料的比例，并添加油脂，同时减少粗纤维饲料的含量，如糠麸类饲料。从料型而言，由于鸡喜欢啄食粒料，因此可采用颗粒状饲料，这既可保证营养全面，减少饲料浪费，又缩短了采食时间，有利于催肥。

②创造适宜的环境，促使采食量增加　夏季天热时鸡吃得少，冬季天冷时吃得多。因此，在夏季适当减小鸡群密度，使用薄层垫料，加大通风换气量，采用屋顶遮阴降温措施，少喂勤添，提供足够的采食槽位，利用早、晚凉爽的时间尽量促使仔鸡多吃饲料。冬

季做好保暖措施，减少饲料用于维持体温的消耗。

饲喂粉料时可采用干、湿料相结合的方法，将粉料与小鱼、小虾、青饲料等拌匀，以提高适口性，增加采食量。

2. 优质型肉用仔鸡的肥育

（1）适合的品种和肥育时期　此类肉鸡前期生长速度缓慢，出售时体重为 1.1～1.3 千克，并接近或已达到性成熟。这种肉鸡适合于广东省及我国港、澳特区消费。

目前，比较适宜在后期肥育的鸡种有惠阳胡须鸡、清远麻鸡、杏花鸡、石岐杂鸡、霞烟鸡，以及我国自己培育成功的配套杂交黄羽肉鸡中的优质型肉鸡，一般在 13～14 周龄可开始肥育。

（2）肥育饲料　在肥育前期，可用全价配合饲料，加快其生长速度，在上市前 15 天改用以能量高的糖类和质量好的植物性蛋白质饲料为基础的饲料，以利沉积脂肪。其典型配方如下。

①干粉混合料　碎米粉 65%，米糠 22%，花生饼 12%，骨粉 1%。另外，加入食盐 0.5%，多种维生素 1.5%。在饲喂前，每千克饲料拌入精制土霉素粉 90 毫克，维生素 B_{12} 90 微克。该配方的粗蛋白质含量为 14%，粗脂肪含量为 3.92%。

②半生熟料　将大米与统糠按 3∶1 的比例称出，并按料与水 1∶2.2 的比例确定加水量。水煮沸后，先倒米下锅，稍煮后再倒入统糠，同时进行搅拌，15 分钟后取出（此时米粒中心还未煮透）置于木桶中，加盖保温闷 4～12 小时后即可使用（每 100 千克饲料中加 600 克食盐）。在喂食前，取 7 份半生熟料，加米糠 2 份和 1 份经水浸开的花生饼酱，拌匀。同时在每 500 克这种混合料中加入土霉素粉 15～18 毫克和维生素 B_{12} 15～18 微克。

这种饲料肥育的鸡，增重快，沉积脂肪好，食用时有明显的地方鸡风味。

（3）技术措施　为使此类肉鸡达到骨脆、皮细、肉厚、脂丰、味浓的优质风味，所采取的措施有以下 4 个方面。

一是在上市前采用上述特殊饲料肥育，一般都实行笼养，限制肥育鸡的活动量，使其能量消耗明显降低，加之所用的饲料基本上是米饭和米糠，这些都有利于加快鸡体内脂肪的蓄积。

二是由于配方饲料中的钙、磷不足，使鸡体钙的代谢处于负平衡状态，由此形成的骨质具有广东三黄鸡所要求的"松""脆"特点。

三是蛋白质饲料由大豆饼改为花生饼或椰子饼，使鸡肉更具浓郁的风味。

四是采用民间的暗室肥育法，使鸡处在安静环境中，不仅有利于肥育，而且使鸡的表皮更加细嫩。

3. 生态型肉鸡的放牧　在舍外放养的肉鸡，其肉质比舍内圈养或笼养的肉鸡好，这已为人们所共识。在山地放养，鸡可自由采食植物种子、果实、昆虫，有良好的生长空间和阳光照射，空气清新。所以，肉鸡在育雏脱温后，在山地放牧可以作为一种饲养方式。

（1）营养需要　在肉鸡产业中，小体型肉鸡（土鸡）肉质鲜美，颇受消费者喜爱。但土鸡品系杂乱、体型小，饲料摄取量及生长速度均低于白羽肉鸡及仿仔鸡（表4-11）。

表4-11　不同鸡种摄食量与生长速度比较　（以白羽肉鸡为100%）

饲料水平	项　目	白羽肉鸡	土　鸡	仿仔鸡
能量13.4兆焦/千克，粗蛋白质23%～20%	摄食量（克）	4162（100%）	1883（45%）	2551（61%）
	增重（克）	2083（100%）	871（42%）	1285（62%）
	饲料/增重	2.00（100%）	2.16（108%）	1.99（100%）
能量12.14兆焦/千克，粗蛋白质18%～15.5%	摄食量（克）	4458（100%）	1997（45%）	2725（61%）
	增重（克）	1944（100%）	811（42%）	1193（61%）
	饲料/增重	2.29（100%）	2.46（107%）	2.23（97%）

从表4-11中可以看到，不管在哪种饲料水平下，土鸡的摄食量只相当于白羽肉鸡的45%，生长速度也仅为白羽肉鸡的42%，土鸡上市一般在13～16周龄，而白羽肉鸡只需要6～8周龄，所以土鸡饲粮的能量与蛋白质水平较白羽肉鸡低。

（2）**饲养管理** 放牧或散养，以林果地更佳。鸡不仅可以捕食大量天然饵料，如白蚁等昆虫、草籽、青草等，一般要比庭院养鸡少耗料8%～10%，而且增加阳光照射，促进维生素 D 的生成和钙的吸收，又可以为果园除草、除虫，增加土壤有机质肥料。一处林果地有计划地放养1～2批后就转到另一处，周而复始，轮流放牧，轮流生息。放牧期间的林果地应禁止喷洒农药，以免鸡中毒。

放牧都是在雏鸡脱温后进行的。放牧前要让鸡认窝，可将料槽、饮水器放在鸡舍门口附近。放牧时每天早晨放鸡自由活动，采食天然饵料，但要在遮阳棚下为鸡准备足量的饮水。中午视鸡采食情况确定是否补料。傍晚，在太阳下山、鸡入舍前喂饱。为训练鸡定时回来吃料和回鸡舍，可在喂料时吹口哨等，使之对声音形成条件反射。出现不宜放牧的天气时，应及时将鸡收回舍内，防止鸡群损失。

放牧饲养不等于粗放，更不等于放任自流，以预防为主的综合性卫生防疫措施，也应在其中切实贯彻。

（3）**鲜活饲料** 鲜活饲料可因地制宜，进行捕捉或养殖。简便易行的方法如下。

①灯光诱捕法 根据昆虫具有趋光性的特点，夜晚采用电灯引诱，围网捕捉。当农田喷洒农药时，不可采用此法，防止鸡采食后中毒。

②自然生蛆法 用发酵后的畜禽粪便、垫料、麦麸作基质，让苍蝇在上面产卵后3～4天，蛆就发育长大，用于喂鸡。10千克粪便、3千克麦麸，可生产1千克蛆。

③蚯蚓沟槽养殖法 选择背风遮阴处，挖宽1米、深60～80厘米、长度不限的沟槽，在沟底先铺一层5厘米厚的发酵畜禽粪便，然后铺上一层杂草、秸秆等，其上再覆一层5厘米厚的土壤。这样重复铺垫，直至填满，最后表面铺稻草、秸秆等遮盖物，每天喷适量水保持湿润。为了防止积水，可在沟槽两侧各挖1条排水沟。一

般沟槽每平方米能投放上千条蚯蚓，放养2个月后可收集喂鸡。当外界温度低时，可在保温棚中养殖。

近年来，优质肉鸡的发展引起了法国、荷兰等国的重视。法国培育了称为"拉贝"鸡的优质品种，规定饲养期至少81天，最好散养。舍养时，每间鸡舍的面积不小于100米^2，每平方米鸡数不超过11只，且6周后每只鸡平均有2米^{2}的舍外运动场。4周内日粮中不添加油脂，以后的日粮脂肪总量不超过5%。4周以后，日粮谷物和谷物制品含量不低于75%。

（六）提高肉用仔鸡产出效益的相关技术

1. 肉用仔鸡公母分开饲养　公母分开饲养的技术，在仔鸡的增重、饲料的利用效率及产品适于机械加工等方面所显现的效益都较好。至1990年，采用这种饲养制度饲养的肉用仔鸡已占仔鸡总量的75%～80%。随着自别雌雄商品杂交鸡种的培育和初生雏雌雄鉴别技术的提高，这种基于公、母雏鸡之间的差别而发展起来的公母分开饲养技术，近年来已被越来越多的国家所运用。其措施主要有以下几点。

（1）按经济效益分期出场　1日龄时，小公鸡日增重比小母鸡高1%，随着日龄的增长，日增重的差别越来越大，最大可达25%～31%。雌性个体在7周龄后增重速度相对下降，饲料消耗急剧上升，如果此时已达上市体重，应该尽早出售。而雄性个体，一般要到9周龄以后生长速度才下降，同时饲料转化率也降低，所以雄性个体可饲养到9周龄出售。因此，公母分群饲养将可以在各自饲料转化率最佳日龄末出场，以取得最佳的经济效益。

（2）按需要调整日粮的营养水平　在相同日粮条件下，小母鸡每增重1千克体重所消耗的饲料，比小公鸡要高出2%～8%。在4～10周龄，小母鸡的相对生长量又低于小公鸡15%～25%。

小公鸡能有效地利用高蛋白质日粮，并因此而加快生长速度，小母鸡对蛋白质饲料的利用效率低，而且还将多余的蛋白质转化为体内脂肪沉积起来。按照它们对蛋白质来源及添加剂等的不同反应，小公鸡的饲料配方，前期的粗蛋白质含量水平可提高到25%。采用以鱼粉为主的配合饲料，其中钙、磷和维生素A、维生素E、B族维生素的需要量比小母鸡要高，适当添加人工合成的赖氨酸，将明显地提高小公鸡的生长速度与饲料转化率。

为消除蛋白质过量会抑制小母鸡的生长和多余蛋白质在体内转化为不经济的脂肪沉积起来的弊病，小母鸡的饲料配方粗蛋白质水平可调整为18%～19%，采用以豆饼为主的配合饲料。这样，可以各得其所，蛋白质也可以得到充分利用。

（3）提供适宜的环境条件　由于小公鸡羽毛生长慢、体重大，必须为小公鸡提供更为松软、干燥的垫料，以减少胸囊肿病的发生。为取得更佳的饲养效果，小公鸡的饲养环境与小母鸡相比，舍内温度前期要高1℃～2℃，而后期则要低1℃～2℃。

2. 肉用仔鸡的限制饲养　在肉用仔鸡的生长发育过程中，肌肉的生长速率远大于内脏的生长发育，尤其是心、肺的发育更慢于肌肉，心、肺不能满足肌肉快速生长对血氧的需要。这种代谢的紊乱，导致肉鸡腹水症、心力衰竭综合征和突然死亡的发生率增高。所以，越来越多的肉鸡生产者，通过限制每天的饲料摄取量与间歇光照程序相结合的办法来控制肉鸡的生长速度，以提高饲料转化率，降低死亡率。

据报道，在第二周开始限饲对肉鸡腿畸形率的减少最为有利。此研究者采用的是每天4个周期的间歇光照程序（即2小时光照，1小时黑暗为1个周期）并限制饲料的添加量。

有人从4日龄开始采用1小时光照、3小时黑暗的每天6个周期的间歇红光照明程序，由于两次投料之间有3～4小时的间隙，这就给仔鸡在采食后有一个消化吸收的时段，有利于提高饲料转化率，同时这种间歇可以刺激仔鸡的采食欲望。表4-12显示了限制饲养的某些效果。

表 4-12　8 周龄肉用仔鸡体重、饲料报酬、腿病率及死亡率

项　　目	连续白光照	间歇白光照	连续红光照	间歇红光照
平均体重（克）	2272.8	2266.9	2317.1	2327.7
采食量（克/只）	5864.1	5327.2	5537.8	4981.3
饲料报酬	2.58	2.35	2.39	2.14
腿病发生率（％）	4.5	2	2.5	2
死亡率（％）	2.5	2	2	1.5

调整光照程序对肉用仔鸡有许多潜在的保健作用，如延长睡眠时间、降低生理应激、建立活动节律以及改善骨代谢、腿健康等。可是在光照程序中的明暗比例等方面，还有待进一步研究探索。

（七）肉用仔鸡 8 周的生产安排

现代肉用仔鸡生产，大多是全年进行的批量生产。因此，饲养者应根据拥有的鸡舍面积、设备和人员、饲料来源，并根据规定的饲养密度、预期上市日龄以及两批之间的消毒、空舍时间，初步安排好全年的饲养计划、批次，在落实好雏鸡计划的基础上，安排好每批肉鸡的饲养计划。现对其 8 周的生产安排简述如下，仅供参考。

1. 第 一 周

综合性技术措施：提前 3 天鸡舍试温，全部用具到位。提前 1 天鸡舍开始升温。1 日龄时开水、开食，确保全群鸡都能饮水、采食。3 日龄喂全价饲料，增喂维生素。5 日龄断喙。6 日龄后逐步用料槽、料桶喂食。

管理条件：1 日龄，在育雏器下温度为 35℃，舍温为 28℃，空气相对湿度为 70%，密度为 40 只/米^2，每天光照时间 23.5 小时，每平方米 2.5～3 瓦；2～4 日龄，育雏器下温度每天降低 1℃，至 32℃。光照时间 2 日龄为 23 小时，4 日龄 22.5 小时。7 日龄时，舍温为 24℃，空气相对湿度为 65%，密度为 30 只/米^2，光照时间每天 22 小时，每 1 000 只鸡 1 周耗水量为 238 升。

生产指标：每1000只鸡第一周耗料量为80千克；周末每只鸡体重80克，较好的可达90克。

疫病防治：1日龄接种马立克氏病疫苗，4日龄接种新城疫Ⅳ系疫苗，7日龄接种鸡痘疫苗。用恩诺沙星50毫克/升饮水5～7天。

2. 第 二 周

综合性技术措施：使用料槽、料桶和饮水器，扩大围圈，增加通风量。2周末撤掉围圈。

管理条件：育雏器下温度第二周末时降至29℃，舍温降至21℃，空气相对湿度降至62%，饲养密度为25只/米²。光照时间，11日龄为21小时，14日龄为20小时，每平方米1～1.5瓦。本周1000只鸡耗水量为371升。

生产指标：本周1000只鸡累计耗料量一般为160千克，周末个体重170克；较好的本周1000只鸡累计耗料量为240千克，个体重为230克。

疫病防治：13日龄时接种传染性法氏囊病疫苗。为预防球虫病，从第二周至第四周，氯苯胍按30～60毫克/千克体重用量，拌料饲喂。

3. 第 三 周

综合性技术措施：3周末抽测体重。

管理条件：17日龄时，舍内空气相对湿度降至60%，密度为25只/米²，光照时间为20小时。本周末育雏器下温度降至27℃，舍温降至18℃，密度降至20只/米²。本周1000只鸡耗水量为532升。

生产指标：本周1000只鸡一般耗料量为320千克，周末个体重330克；较好的本周1000只鸡耗料量为370千克，周末个体重430克。

4. 第 四 周

综合性技术措施：视情况撤去育雏器，周末起逐步改用肥育料。

管理条件：周末育雏器下温度降至24℃，舍温降至16℃，饲养密度仍为 20 只 / 米 ^{2}，每天光照 20 小时。本周 1 000 只鸡耗水量为 665 升。

生产指标：本周 1 000 只鸡耗料量一般为 420 千克，周末个体重 540 克；较好的本周 1 000 只鸡耗料量为 450 千克，周末个体重 650 克。

5. 第 五 周

综合性技术措施：脱温，转群，防球虫病，升高料槽和饮水器的高度。本周起全部改用肥育料。周末测个体重和耗料量。

管理条件：周末育雏器下温度降至 21℃，空气相对湿度仍为 60%，密度为 18 只 / 米 ^{2}，每天光照 20 小时。本周 1 000 只鸡耗水量为 847 升。

生产指标：本周 1 000 只鸡耗料量一般为 560 千克，本周末个体重 760 克；较好的本周 1 000 只鸡耗料量为 590 千克和 920 克。

6. 第 六 周

综合性技术措施：周末抽测个体重和耗料量。

管理条件：鸡舍空气相对湿度保持在 60%，密度降为 15 只 / 米 ^{2}，每天光照仍是 20 小时。本周 1 000 只鸡耗水量为 1 057 升。

生产指标：本周 1 000 只鸡耗料量一般为 690 千克，周末个体重 990 克；较好的本周 1 000 只鸡耗料量为 740 千克，周末个体重 1 200 克。

7. 第 七 周

综合性技术措施：周末抽测体重和耗料量。停止用药，防止药物残留。

管理条件：鸡舍空气相对湿度提高到 65%，每天光照仍为 20 小时。本周 1 000 只鸡耗水量为 1 246 升。

生产指标：本周 1 000 只鸡耗料量一般为 800 千克，周末个体重 1 240 克；较好的本周 1 000 只鸡耗料量为 930 千克，周末个体重 1 500 克。

8. 第 八 周

综合性技术措施：周末开始出栏。应在夜间捉鸡。出栏前 10

小时撒饲料，提鸡前撒饮水器。

　　管理条件：鸡舍空气相对湿度为65%，饲养密度为12只/米^2，每天光照18小时。本周1 000只鸡耗水量为1 428升。

　　生产指标：本周1 000只鸡耗料量一般为910千克，周末个体重1 500克；较好的本周1 000只鸡耗料量1 030千克，周末个体重1 800克。

　　以上仅是一种模式，它架构了8周的安排，只能说是一种框架的形式，在实际操作时一定要向供种单位索取相关资料作为参考，因为不同的鸡种生长速度、管理要求、防疫要求等都是不同的，切忌生搬硬套。

第五章

竭力推进产业化经营

一、加速推进标准化规模养殖

（一）肉鸡业在畜牧业中具有重要地位

1. 为人类提供廉价的动物性蛋白质食品　肉用仔鸡生长迅速，其饲料转化率可达 1.8～2：1，是猪、牛等家畜无法达到的。加之饲养周期短，使禽舍和设备周转快，利用率高。员工的劳动生产率，国际水平已达人均年产 10 万只。这种高效率的生产，使其生产成本低廉。

鸡肉所具有的比较优势使其成为世界公认的最具经济优势的动物蛋白质来源，其价格优势的竞争力，促使鸡肉在世界范围内成为一种大众消费品，是最廉价的优质动物性食品。

2. 鸡肉在人类的肉食品结构中占首位　2007 年末全球肉类消费结构发生重大变化，鸡肉消费由 1992 年的 24% 提高到 31%，超过牛肉上升为第一位，牛肉由原来的 31% 降到 24%，猪肉仍保持在 20% 左右。我国居民肉食消费结构：猪肉从 1980 年的 88.9% 降到 2007 年的 62.5%，禽肉则从 5.5% 增长到 21.1%。这种肉类的生产与消费结构的变化，是世界上肉食品结构具有划时代意义的变化。

3. 鸡肉将成为 21 世纪为人类提供肉食的最主要来源　随着世

界人口的增加和世界性有效耕地面积的不断减少，人类可利用资源受到限制。面对粮食供应比较紧张的压力，人们对动物蛋白的需求并不因此而降低。因此，具有高转化率的肉鸡生产，是缓解这种压力和制约因素的一个有力手段。所以，现代肉鸡生产必将成为 21 世纪最主要的肉食来源提供手段。

4. 肉鸡业是畜牧业中增长最快、市场化与规模化程度最高的行业 肉鸡产业已发展成为高度专业化和高效率的工业化生产，同时促进了与肉鸡业相关的工业的发展，如鸡舍及配套设备、孵化设备、屠宰加工及包装设备、防疫药品工业及饲料加工业等方面的发展。

日本的肉用仔鸡生产以及伴随其发展的有关育种、孵化、饲料加工、药品制造、鸡舍建筑、机具器械制造和屠宰加工，加上批发、零售和冷藏运输等，形成一条龙产业，其年总交易额超过 1 万亿日元。

美国肉鸡工业的垂直运作系统所形成的产、供、销一体化，使其集约化饲养的平均规模，由 20 世纪 60 年代的 3.7 万只递升到 90 年代的 1 000 万只。肉鸡产业的产值约占整个畜牧业产值的一半。

综上所述，鸡肉在人类肉食结构中的比较优势及其地位的提升、肉鸡产业的产值在发达国家中的占比已可见其重要地位。

（二）品种保障实现了肉鸡集约化生产需要

从 20 世纪 50 年代开始，一些发达国家的家禽育种工作采用玉米双杂交原理，开展了现代化的品系育种。即在过去标准品种的基础上，采用新的育种方法，培育出一些比较纯合的专门化品系，然后进行品系间的杂交和测定。充分利用杂种优势这一自然规律，所生产的商品型杂交鸡不仅比亲本生产性能高 15%～20%，而且表现得整齐一致。应该说，鸡种的改良，奠定了肉鸡工业化大生产的基础。

1. 繁殖率高 肉用仔鸡的种鸡（父母代）一个世代生产的商品雏鸡 140 只左右，它是育种改良的结果。试想，如按以前标准品种每个世代仅生产 70 只左右的商品雏鸡，要想达到目前肉用仔鸡的生产规模，其种鸡的投入成本就要翻一番。正是这种高的繁殖率，使得分摊到每只商品肉鸡上的种鸡成本大大降低，加上集中孵化等技术的运用，使之每批生产的雏鸡数量可以达到所需要的数量。所以，这种批量生产的方式可以使肉鸡生产步入工业化的规模生产。

2. 体质强健，适于大群饲养　由于肉用仔鸡具有分散生活的本能，不会出现密聚，数千只乃至数万只肉用仔鸡同时在一栋鸡舍内饲养，成活率可达 98% 以上。这种良好的群体适应能力，加之杂种后代所赋予的强健体质，成就了其集约化密集饲养的方式。

3. 均匀性好　指肉用仔鸡的整齐度。由于肉用仔鸡育种的成功，杂种优势保证了使商品肉鸡的遗传一致性体现在群体水平上产品的一致性。这是"全进全出"防疫制度的要求，也便于进行工业化的机械屠宰，符合产品加工和消费者的要求。

（三）认真对待我国肉鸡业发展中的问题

我国农村历来以家庭副业的方式饲养家禽，淘汰的老母鸡和小公鸡作为肉用，出售时鸡龄大小不一，肉质良莠不齐。20 世纪 60 年代初，为同美国、丹麦等国家争夺香港肉用仔鸡市场，在上海市采用地方良种浦东鸡与新汉县鸡的杂交后代用于生产商品肉鸡，饲养 90 天平均体重达 1.5 千克以上，料肉比为 3.8∶1 左右。以后，为满足销往我国香港肉用仔鸡对快速生长、胸肌发达的要求，于 1962 年和 1976 年，从日本、荷兰、加拿大、英国和美国等国家，引进了福田、伊藤白羽肉鸡，海布罗祖代鸡，星波罗曾祖代鸡，A·A 及罗斯祖代鸡，红布罗及狄高等有色羽父母代鸡及祖代鸡。与此同时，在我国东北地区和北京、上海等地建立了育种场，逐步建立起良种繁育体系，不少省、市、县建立了父母代鸡的繁殖场，为养鸡专业户、商品鸡养殖场提供商品雏鸡。

白羽肉鸡虽然生长速度快，饲料转化率高，但我国人民还有喜食肉质鲜美的黄羽肉鸡的传统习惯和爱好。为此，"六五""七五"期间，在农业部主持下，由中国农业科学院畜牧研究所、江苏省家禽研究所、上海市农业科学院畜牧研究所等5个科研单位协同攻关，利用红布罗、海佩科等外来鸡种选育后作为亲本，与我国优良地方鸡种进行配套杂交，获得了诸如苏禽85、海新等系列配套杂交体系的优质型和快速型黄羽肉鸡。之后的发展，其配套形式虽不同，但其实质并无突破。

面对我国10多亿只鸡中的80%是地方鸡种，存在生长速度慢、生产效益低的问题，江苏省家禽研究所进行了多年的选育研究。采用本所选育出的隐性白羽白洛克肉鸡品系（80系）作为杂交用的父本，与许多优良地方鸡种进行单杂交，其后代生长速度都有不同程度的提高，70～80天体重达1.5千克以上。不但饲养周期缩短了，而且肉质鲜嫩可口，市场畅销不衰，经济效益明显。我国幅员辽阔，各地区经济发展速度快慢不一，快速型肉用仔鸡鸡种远未覆盖全国各地。因此，在发展肉鸡生产过程中，应在保存好地方鸡种资源的基础上，充分利用现有鸡种资源优势，走出自己发展肉用仔鸡业种源的道路。

禽肉生产相对集中在华东、华中、华北的东南部和西南地区的东北部。目前，我国规模养鸡场的平均出栏数仅相当于美国20世纪60年代的水平。2011年按平均年出栏肉鸡1万只以上规模的场（户）数只占总数的0.72%，而出栏数却占69.30%。我国目前肉鸡养殖业规模化程度很低，除了如上海大江集团、山东省诸城、北京华都肉鸡集团等现代化肉鸡联合体大企业外，在鸡肉生产的组织形式上，更多的倚重于以下两种方式：一是由一个企业为龙头，带动周围具有一定饲养规模的农户进行生产，但各生产环节各自独立，在生产过程中结合的紧密程度较低；二是千家万户的分散饲养。

我国商品肉鸡的生产，主要是以广大农村分散饲养的千家万户和一定规模的家庭饲养场为主体，他们大都是受益于党的十一届三中全会后，农村经济政策的落实和生产责任制的推广，这种生产力的释放在很大程度上激活了农村的经济。由于在当时，饲养肉鸡是崭新的养殖业，出于谨慎小心、精心饲养，和全新的房舍还未受到污染，养鸡户数量较少，加之我国正处于计划经济向市场经济的过渡期，短缺经济也表现为鸡肉是我国肉食市场上价格最高的产品，所以在当时不管饲养水平如何，只要养鸡一般都能赚钱，因而使不少养鸡专业户盈利。然而，这却给肉鸡业的发展在观念、生产方式上带来了一些阻碍。

总体来说，我国肉鸡业的现状是鸡舍环境条件差，鸡只生长慢，饲料转化率低，用工多，疫病多、用药多，导致产品成本高、质量差、出口竞争力低。1997年，美国肉鸡平均42日龄活重达2.1千克，死淘率为4%，料肉比为1.9∶1；而我国肉鸡平均体重达到2.1千克需饲养52天，死淘率达14%，料肉比为2.2∶1。美国肉鸡生产水平之高，得益于标准化的规模养殖和高度专业化的企业组织系统。因此，提高我国农民的科学技术素质，转变观念，加强学习，变传统的落后饲养为先进的科学饲养，由分散零星的粗放式饲养转变为规模化、集约化饲养，由小农经济式的经营过渡到现代的商品化生产，从而不仅致富一方农民，而且使我国的肉鸡业生产提高到一个新的水平。

（四）鼓励发展集中连片的专业户群体养殖小区

在我国，由于肉鸡业投入相对较少，而见效又快，是农民致富的首选项目。因此，目前在肉鸡生产的组织形式上，更多地依靠千家万户的饲养和龙头企业与一定规模的农户间的松散联合体。

农村专业户在发展过程中形成"小规模，大群体"的模式，它曾经对我国经济，特别是农村经济的发展起过一定的作用。大群体的养殖，使我国迅速成为世界上仅次于美国的第二大肉鸡生产国。满足了我国13亿人口目前对于鸡肉消费的需求，但我国肉鸡消费水平在国际上是低的，更重要的是转移了一部分农村剩余劳动力，在一定程度上增加了农民的收入。有专家测算，整个肉鸡产业链可为7 000万农民提供生计，相当于农民总数的9%，为农民创造纯收入800多亿元。所以，发展好肉鸡产业，稳妥地转变好农户分散的经营方式，是解决"三农"问题、建设新农村、构建和谐社会的有效途径之一。

农户分散的经营方式，那种近距离、小规模、大群体、高密度、多品种、多日龄的鸡群格局，增加了疫病防治的难度。它不利于资源优化配置和环境保护，新技术推广阻力较大，成效难以很快显现。所以，必须积极引导广大养鸡户组织起来，实施连片的全进全出制，逐步形成"肉鸡生产专业合作社"的现代化生产组织形式，发展集中连片的专业户群体。养殖小区可作为整合散养农户进入规模化饲养行业的新模式，浓缩饲料和订单生产作为载体，推动传统散养农户开始接受不同程度的现代化改造的第一步，使区域内养殖户的资金、原料、生产销售有机地联合，形成风险分担、利益均沾的市场经济竞争主体。

（五）加速推进标准化规模养殖的转型

当前我国肉鸡业生产方式落后，产品质量存在安全隐患，疾病防控形势严峻，产品市场波动加剧，低水平规模饲养带来的环境污染日趋加重，已成为制约现代肉鸡业可持续发展的瓶颈。2010年农业部为贯彻中央关于加快经济发展方式转变和加快畜禽养殖标准化、规模化的精神，提出当前是处于现代肉鸡业转型的关键时期，加快推进肉鸡标准化规模养殖，有利于增强肉鸡养殖业的综合生产能力、保障鸡肉产品的供给安全；有利于提高生产效率和生产水平，增加农民收入；有利于从源头上对产品质量安全进行控制，提升鸡肉产品质量安全水平；有利于有效提升疫病防控能力，降低疫病风险，确保人、畜安全；有利于加快生产方式的转变，维护国家生态安全；有利于畜禽粪污的集中有效处理和资源化利用，实现肉鸡养殖业发展与环境的协调。

当务之急是要以规模化带动标准化，以标准化提升规模化。农区以适度规模养殖作为主推方向。按"标准化肉鸡养殖基地建设标准"要求，每个养殖小区鸡舍栋数为 8～10 栋，每栋宽 9.2～10 米，长 60～70 米，饲养量为 4 000～5 000 只 / 批，每个养殖小区饲养量在 40 000～50 000 只 / 批。

所谓标准化生产，就是在场址布局、栏舍建设、生产设施配备、良种选择、投入品使用、卫生防疫、粪污处理等方面要严格执行法律法规和相关标准的规定，并按程序组织生产的过程，使之达到"六化"，即：鸡种良种化、养殖设施化、生产规范化、防疫制度化、粪污处理无害化和资源化利用与监管常态化。

所谓鸡种良种化，就是要因地制宜选用高产优质高效的肉禽良种，品种来源清楚，检疫合格。

所谓养殖设施化，就是养殖场址布局要科学合理，符合防疫要求，肉鸡舍、饲养与环境控制设备等生产设施设备满足标准化生产的需要。

所谓生产规范化，就是落实养殖场和小区备案制度，制定并实施科学规范的饲养管理规程，配制和使用安全饲料，严格遵守饲料、饲料添加剂和兽药使用有关规定。

所谓防疫制度化，就是完善防疫设施，健全防疫制度，加强防疫条件审查，有效防止重大疫病的发生。

所谓粪污处理无害化和资源化利用，就是粪污处理方法得当，设施齐全且运转正常，达到相关排放标准。

所谓监管常态化，就是依照《中华人民共和国畜牧法》《饲料和饲料添加剂管理条例》《兽药管理条例》等法律、法规，对饲料、饲料添加剂和兽药等投入品的使用，养殖档案的建立和标识使用实施有效监管，从源头上保障肉鸡产品质量安全。

因此，发展肉鸡标准化规模养殖是加快生产方式转变，尽快由粗放型向集约型转变，促进肉鸡饲养业持续平稳发展，建设现代化肉鸡业的关键。

（六）产业化经营才能保障我国肉鸡业持续平稳地发展

国内外的研究都证实，没有一体化生产体系的发展，就不可能有高效率的肉鸡产业。也就是说，高效率的肉鸡业与产业化经营的紧密相连，才能实现生产与市场的对接，产业上下游才能贯通，肉鸡业稳定发展的基础才更牢固。

依靠广大农户发展肉鸡养殖，在实现标准化规模养殖的基础上，关键是要加快肉鸡业的产业化进程，有必要尽快使我国肉鸡业的经营体制向以龙头企业为核心的贸、工、农一体化的经营模式转变。将有关行业整合成产业链的联动，并延伸产业链的终端，鼓励加工龙头企业、大型批发市场、超市与标准化规模养鸡场（户）建立长期稳定的产销合作关系，实现产销有效对接。对龙头企业来说，与农户的联合，可大大节约公司的资金，缓解公司资金不足的矛盾，降低经营成本，增强企业发展的后劲，保证稳定的优质肉鸡的供应渠道；同时，公司通过产前提供饲料、种苗，产中提供疫病防治、技术指导等服务，降低了农户饲养技术改进的成本。指导农户根据市场需求的变化来组织生产，既规避了农户盲目生产的风险，又保障了公司可以获得相应品质的原料鸡，减少了加工和销售环节的风险。

在具体运作上，可采用"公司＋农户"或"公司＋中介组织＋农户"等形式。而此时农户，已非过去的那种"小规模，大群体"的农户，经营也不是传统意义上的分散经营小农养禽模式。确切地说，是公司＋基地，而"基地"都是在公司按现代化养禽标准指导下，由有养殖经验的农民进入基地。或者说就是让原来的兼业的农户把养禽当成主要职业，办成"农场式""车间式"的禽场，而技术、资金、管理跟不上的农户可以转变成养禽工人。"公司＋农户"是现代肉鸡饲养业所特有的模式，由于肉鸡的饲养是一种劳动强度小、花费时间长、责任心强、需要的是细心、繁琐的观察劳动，它更适宜于家庭劳动力为中心的承包形式，与效益挂钩的结合，而非 8 小时上下班式的雇佣劳动，这也就是为什么养鸡户的饲养效益要好于养鸡场的缘由。在国外，肉用仔鸡饲养场也大多是夫妻家庭经营的，但它接受大公司从苗雏、饲料、药物供应及防疫到出栏的管理和统筹安排。所以，现代肉鸡业是一个既有工业生产特点，又有农业生产特点的新兴产业。由公司与养殖户和饲料生产商签订合同，为农户提供雏鸡、饲料、技术指导、防疫和收购运输等方面的服务，公司与农户结成实实在在的利益共同体。总之，"农户"（养鸡户、养殖小区）要接受公司的监督和"五统一"（统一供应雏鸡，统一供应饲料，统一使用药物，统一防疫消毒，统一收购屠宰）管理，与公司签订饲养合同，接受公司派出的专职兽医对其饲养全过程的疫病控制、用药和鸡群保健等。其中的关键是要处理好农户与龙头企业及技术服务部门之间的利益分配关系。要建立起合理的风险分摊机制。只有这样，才能既稳定了农户的生产和收入，又保证了公司的经营效益。

正如农业部 2010 年 6 号文件中指出的，要继续发挥龙头企业的市场竞争优势和示范带动能力，鼓励龙头企业建设标准化生产基地，开展生物安全隔离区建设，采取"公司＋农户"等形式发展标准化生产。积极扶持专业合作社经济组织和行业协会的发展，充分发挥其在技术推广、行业自律、维持保障、市场开拓方面的作用，实现规模养殖场与市场的有效对接。鼓励龙头企业、大型批发市场、超市与标准化养殖场户建立长期稳定的产销合作关系。

发展农业产业化经营，龙头企业是关键。因此，肉鸡龙头企业工作事关肉鸡业和整个农村经济发展的大局，应实行谁有能力、谁有实力谁当龙头，凡建立现代企业制度的大中型产加销企业都可当龙头。培育龙头，延伸产业链，以实现上、中、下游产业共同发展的新局面。

［案例 1］　龙头企业的带动示范作用

据有关媒体报道，江苏某集团紧紧围绕发展现代肉鸡业不断创新扶农、惠农机制，通过组建肉鸡专业生产合作社和农民经纪人协会等产业化经营组织，创建肉鸡科学研究中心服务平台，完善技术服务和订单服务等惠农措施，带动 8.3 万农户走上了养鸡致富道路。同时，拉动了饲料加工、肉鸡屠宰、餐饮服务等农村多种产业的发展，年创造 10 多亿元的社会效益。在发展生产、富裕农民的同时，主动配合有关乡镇，搞好规划设计，改善生态环境，完善水、电、路配套设施，建设畜禽养殖小区等，开展废弃物污染治理，有力地支持了当地农村的现代化建设。他们的具体做法如下。

1. 实现公司与农户双赢的利益联结机制

社会主义新农村建设，农民是主体。而当前，农民最迫切需要解决的问题就是如何实现稳定增收。这几年该集团在带动农民发展肉鸡生产上，始终将"公司能创多少效益与农民能得到多少实惠"放在同等位置上通盘考虑。1999 年 10 月，公司从提高农民组织化程度入手，通过公司牵头，将全市 107 家肉鸡规模养殖户组织起来，成立了"肉鸡专业生产合作社"。合作社由农民自愿参股入社，社员民主制定章程，民主选举社长，民主决定重大事项，使合作社逐步走上了自主经营、自负盈亏、自我管理、自我发展的道路。为了增强龙头企业与合作社和社员的联结，公司在尊重合作社社员民主意愿的基础上，订立了双层产销合同，即该集团与合作社订立生产、收购合同，合作社与社员订立产销合同。在合作社内部实行"四统二分"双层经营体制。所谓"四统"就是社员的养鸡计划在自己申报的基础上由合作社统一协调落实；社员所需的雏鸡、饲料、药物、设备等由合作社统一采购供应；养鸡技术由合作社统一指导；社员养成的商品鸡由合作社统一收购、销售。所谓"二分"即肉鸡由社员分户经营、分户核算，自负盈亏。合作社集体经营部分产生的利润，在提取 10% 公积金、25% 风险基金和 15% 奖励基金后，根据社员当年购销成绩按比例分配。为了减少社员养鸡的市场风险，在合作社与社员签订的产销合同中明确了"两相保证、双向保护"的信守条款。"两相保证"是指社员在养鸡生产中必须保证购买合作社提供的优质雏鸡和合格饲料，合作社按合同规定的数量收购社员交售的肉鸡。"双向保护"，是指社员向合作社购买雏鸡和饲料可享受低于市场价格的优惠价；合作社收购社员交售的成品鸡，按双方事先议定的价格进行结算，从而实现了真正意义上的价格保护。

通过这几年的运行，该肉鸡专业生产合作社的生产不断发展，经营水平也有了很大提高。2005 年全社养鸡总数达到 183 万只，实现销售收入 2 015 万元，获利润 165 万元，社员户均增收 1.54 万元。同时，合作社的影响力和辐射力也在不断加强。该地区相继涌现出了饲养 2 万～5 万套种鸡的民营种鸡场 7 个，饲养 20 万～50 万只肉鸡的养鸡专业村 33 个，饲养 10 万～25 万只肉鸡的养鸡专业户55 户。

2. 龙头企业参与新农村建设

公司积极配合有关乡镇搞好产业发展规划，帮助他们重点建好"省级无公害肉鸡产业科技示范园区"和"国家农业综合开发现代化示范园区"。在规划建设中，公司以当地政府为主，积极配合，精心编制了产业规划和具体布局。为了协调解决发展养殖业与改善人居环境的矛盾，公司从改变一家一户庭院式养鸡方式入手，将肉鸡养殖场规划建设在远离农民居住的地方，实现小区化生产，这样既有利于减少人员、车辆往来给鸡场带来疾病传染的可能，又有利于农民居住区的空气清新。同时，公司还结合规划建设养鸡小区，帮助村内实现"村庄绿化，沟河净化，路面硬质化，垃圾袋装化"。通过"四化"来改变农村的脏、乱、差的面貌，并结合"四化"实施"七个一"工程建设。所谓"七个一"，就是建好一个养殖小区，挖好一条沟，修好一条路，栽好一行树，让村民喝上一口干净水，建好一座鸡粪处理厂，建立一套长效管理机制。截至 2005 年 12 月底，由该集团帮助建设的工程总投资量达到 481 万元，其中投资225 万元建成了鸡粪处理厂 1 座，投资 85 万元修建了镇村道路 6.5

千米，投资 31 万元帮助镇村疏浚了 7 条河道，投资 80 万元打了 4 口深水井，为 4 个村 4100 口农民解决了饮用水问题，投资 60 万元对规模养殖场和村养殖小区进行了高标准绿化，从而有力地推动了这些村镇的现代化建设。

3. 发展现代肉鸡业清洁化生产

提高肉鸡健康水平，必须从改革养殖方式入手，用清洁化生产来取代落后的饲养方法和粗放的经营管理。然而，当前我国农村畜禽业普遍存在设备简陋、技术落后、放松防疫、滥用药物等现象，导致疾病多发和产品安全质量不高等问题。为了扭转这种局面，该集团首先从自身做起，积极推行肉鸡健康养殖技术。为此，公司制定了"两步走计划"。

第一步，先搞好公司所属各种鸡场的饲养管理技术革新，为清洁生产探索经验。经过两年多的努力，公司已总结了一整套肉鸡健康养殖技术，其中包括对外开放场生物安全工程技术、鸡舍环境质量管理技术、肉鸡程序化管理技术、鸡病防控和药物规范化使用技术、鸡粪无害化和资源化处理技术。运用这些技术，大大提高了肉种鸡的健康水平。全公司 11 个种鸡场 30 多万套种鸡在禽流感疫情步步紧逼的情况下，仍然做到无疫情，确保了种鸡 96% 以上的成活率。同时，还取得了肉种鸡的连续高产，多次打破了全国和东南亚地区同行业最高纪录。企业还利用公司自养的商品肉鸡开发出了国家认定的无公害鸡肉产品和绿色食品 A 级产品，并且先后通过了 ISO 9000, ISO 14000 和 HACCP 三大认证。

第二步，从 2005 年开始，公司将总结的肉鸡健康养殖技术向农村推广。先后在 2 个示范区内选择了 80 家规模养殖户，通过系统培训，在掌握了关键技术后，组织他们开展肉鸡健康养殖，并由此组成了无公害肉鸡的专业化生产基地。在基地内实行"五个统一"。即：统一供应由公司提供的雏鸡、饲料；统一执行由公司编写、市技监局审核发布的"肉鸡健康养殖系列技术规程"；统一按照公司制定的肉鸡免疫程序开展免疫按种；生产中产生的鸡粪等废弃物统一集中到鸡粪无害化处理中心进行无害化处理；基地农民养成的商品肉鸡统一由公司收购与加工。实践证明，这种由龙头企业牵头，农户积极参与而组成的"公司＋基地＋农户"的三元模式和健康养殖体系，是提高农村肉鸡健康养殖水平、组织农民开展无公害和绿色食品生产的主要手段，是治理畜禽养殖业污染、净化农村生产生活环境的根本途径。

4. 做好粪污治理，实现资源综合利用机制

当前，养殖业中的畜禽粪便和死尸污染，已成为我国新农村建设中的一大难点。破解这个难题，关键在于走资源综合利用的路子。2002年，公司在省某科研单位的帮助下，对公司每年产生的5万多吨鸡粪进行了无害化处理，成功地总结出了一套低成本、低能耗、高效益、无害化处理鸡粪的经验。方法是：运用特制的发酵和除臭剂，将鸡粪在封闭的条件下发酵，达到杀灭细菌、去除臭味、脱去水分的目的，然后将其制成颗粒状有机肥料。2004年，该有机肥已经过农业主管部门检测合格，已大批上市销售，被广泛应用于果树、蔬菜、桑树和其他作物，受到了广大农民的欢迎。目前，该产品已通过国家有机产品认证，被用作开发有机食品的重要生产资料。2006年，公司又投入100多万元，对原有设备进行了技术改造，使处理数量和处理效果又有大幅度提高。在此基础上，公司计划把处理面进一步扩大到农村，用密闭的车辆将分散在农村各养殖区的鸡粪和病死畜禽收集起来集中处理，使更多的废弃物转化为宝贵的农业生产资料。这实质上是产业链延伸的一个典型。

该公司的各项服务，看起来似乎是公司对农户、农村投入了比较多的资金，其实质是公司放眼长远，夯实了自己的肉鸡业发展的基础，既延伸了产业链，又为无公害鸡肉产品和绿色食品的产品升级提供了支撑，从而增强了企业的核心竞争力。

二、狠练内功，夯实基础，着力培植核心竞争力

核心竞争力是企业的生存之本，是企业长期保持战略优势的关键。企业核心竞争力的培育和提升，必须调动企业全部人力、物力，从制定战略规划入手，通过企业管理创新、企业文化建设、核心技术的掌握，直至实施品牌战略，创建企业名牌，稳扎稳打，步步为营，才能最终拥有核心竞争力，使企业在未来的市场竞争中立于不败之地。

在各种类型的商品肉鸡养殖场，管理的作用十分突出，它直接影响到经济效益，它是对物化劳动、活劳动的运用和消耗过程的管理。应该说，管理可以使生产上水平，管理可以出效益。

（一）加强以市场和效益为中心的经营管理

1. 以市场为导向，形成自身的核心技术，占领和创新市场

（1）**认清由卖方市场向买方市场的转变**　在传统的计划经济体制下，企业经营的模式是"企业—产品—市场"，企业的一切经营活动都以计划为依据，以生产为中心。也就是计划安排什么，企业就生产什么；企业生产什么，市场就卖什么；市场卖什么，消费者就买什么。这是典型的短缺经济所形成的卖方市场。物资短缺不能满足消费者的需求，充分暴露了计划经济体制及其经营模式的弊端。而在市场经济条件下，以市场为取向的改革，将上述的企业经营模式改变为"市场—企业—产品"，这反映了一种全新的以市场导向为原则的企业经营模式。它要求企业围绕市场转，产品围绕市场变；市场需要什么，企业就生产什么，以满足消费者的需求来实现商品价值。

以市场为导向的企业经营模式，体现了以市场导向为原则和以消费者为中心的企业经营理念。在供大于求的买方市场条件下，只有在消费者得到称心如意的商品的同时，企业才能实现其产品的价值。

所以，过去那种单凭廉价劳动力和鸡肉的高价格所进行的肉鸡

生产，在目前是赢得不了市场份额的。要变靠廉价劳力为靠运用先进技术和管理知识进行科学决策和管理，靠集约化大生产降低生产成本来赚钱，来赢得市场。

（2）发展优质肉鸡生产 随着人民生活水平的提高和保健意识的增强，高蛋白质、低脂肪、低胆固醇含量的鸡肉，特别是黄羽肉鸡肉，将越来越受到广大消费者的青睐。从对我国南北方肉鸡市场的调查资料表明，鸡肉消费的地域差异显著。在南方地区，尤其是广东、广西、福建、浙江、江苏、上海等省、自治区、直辖市，对优质黄羽肉鸡十分偏爱，其中浙江省、江苏省和上海市消费黄羽肉鸡有一定的季节性，广东、广西和福建等地则是长年消费，并排斥快速型肉用仔鸡；在北方地区则以消费白羽肉用仔鸡为主。

据调查，最大的 30 家黄羽肉鸡父母代种鸡公司，年存栏父母代种鸡约 3 600 万套，约占全国需求量的 90%。2007 年我国饲养黄羽肉鸡约 40 亿只，产肉量约为 360 万吨，占全国鸡肉总产量的 34% 以上，占禽肉产量的 24%。国内鸡肉消费量的 50% 来自优质黄羽肉鸡和肉质独特的土种鸡，这说明了充分利用我国地方鸡种是具有很大发展潜力的。将地方鸡种资源优势转变为商品优势，是具有中国特色肉鸡业的发展道路。

广东省农业科学院畜牧研究所正是看准了这一市场需求，组织科技人员攻关，突破和掌握了核心技术，培育成功了岭南黄鸡 I 系、Ⅱ 系［2003 年通过了由国家畜禽品种审定委员会的审定，并获得农业部颁发的畜禽新品种（配套系）证书］。并在此基础上，不断创新，积极探索产业化的开发模式，如"北繁南养""研究所＋公司＋农户""研究所＋产业化孵化基地＋公司＋农户"，建立起与农户密切合作，良性互动，利益共享，风险共担的长期友好合作。该研究所每年向社会直接推广岭南黄鸡父母代种鸡 350 万套，商品雏鸡超过 6 000 万只。岭南黄鸡优质雏鸡在全国市场占有率达到 10%，年产值为 3 500 万元，直接经济效益 800 万元以上，社会效益达 4.5 亿元。

（3）关注生态友好，促进和谐发展 当前，养殖业产生的废弃物对环境的污染（包括磷、氮的污染）已经引起人们的焦虑。此问题不解决，人们将很难喝上合格的饮用水。可喜的是，这方面的研究取得了长足的进展。如高效廉价的植酸酶、除臭灵和蛋白酶等产品，将会在未来的饲料中得到普遍应用，它将大大降低动物排泄物中的有害、有毒物质（磷、氮和粪臭素等），消除鸡舍内的臭气和苍蝇。

一系列相关技术的发展，为绿色食品的生产提供了条件。如各种无毒、无害生物农药的开发使用，配方施肥技术的开发，生物肥料、有机肥料的应用，为养鸡业提供了更多的符合生产绿色食品的饲料原料。近年来，添加剂、兽药工业的发展，开发了多种无毒、无害的生物添加剂、仿天然添加剂和药物，各种有益于环保的技术和产品，将替代传统的养殖技术和产品。各种微生态制剂将参与家禽胃肠道微生物群落的生态平衡，并维护胃肠道的正常功能，抗生素将逐步退出历史舞台。有一种酵母细胞壁提取物——甘露寡聚糖，能在动物消化道内与沙门氏菌、大肠杆菌等有害细菌结合，并将病原菌排出动物体外，以其作为添加剂有抗生素的作用，但无抗生素引起的抗药性和在畜产品中的残留问题。

我国肉鸡业正逐步走向专业化、集约化和产业化生产，这就有可能在饲料原料、添加剂、药物以及饲养方法、加工方法上，按绿色食品的要求，使肉鸡产品成为绿色食品，把肉鸡养殖业逐步发展成为一种生态养殖。某集团推出的绿色肉鸡产业化科技园区发展规划，对龙头企业牵头组成的"公司＋基地＋农户"的模式做出了完善的演绎；而且在基地建设中，以循环经济思想作指导，注重配套体系的建设，形成了相互支持、相互依托、相互协调、相得益彰的作用，延伸了产业链，从而增强了企业的核心竞争力。它符合21世纪肉鸡业的发展趋势。

2. 强化资本运作，整合优质资源，培植企业核心竞争力　对养鸡场经营的方向和方式、饲养的规模和方式等做出选择是资本投入的具体运作，整合资源、延伸产业链等对养鸡场的经济效益有着决定性的意义。

（1）**经营方向** 按经营方向可将鸡场分为专业化养鸡场和综合性养鸡场。

①专业化养鸡场 可分为肉用种鸡场、肉用仔鸡场和孵化场。

肉用种鸡场：它主要是培育优良鸡种，提供种蛋，孵化出售良种雏鸡。国内此类种鸡场已有不少，有的是父母代种鸡场，有的是祖代种鸡兼父母代种鸡场，还有一些是拥有优良地方鸡种的种鸡场。此类鸡场大多因投资多，各项育种、选种管理的技术要求相对比较高，目前还以国有企业为主。有些单位不顾及自己的技术力量、资金等条件的限制搞小而全，反而造成种鸡生产水平提不高、管理跟不上，结果导致亏本。

肉用仔鸡场：是专门生产肉用仔鸡的鸡场。此类鸡场除了大中型的机械化、半机械化鸡场外，还有众多的集体所有制的鸡场及专业户养鸡场。从目前我国实际情况出发，大力发展农村专业户的规模生产，既可节省国家大笔投资，又可有效地开发利用农村丰富的劳动力资源和饲料资源。它是促进农民致富的有效途径。

孵化场：收购种蛋后，孵化出雏鸡卖给肉用仔鸡的饲养单位。这些孵化场目前主要以各地食品公司兴办的为多。孵化场一定要有稳定和可靠的种蛋来源，如果以"百家蛋"为来源，总有一天会因"种"的质量不良而最终影响到雏鸡的销路。

②综合性养鸡场 分为种鸡场兼营孵化场及种鸡场兼营孵化场和肉用仔鸡场。

种鸡场兼营孵化场：一般种鸡场从经济效益考虑，在人力、财力条件允许下都附设孵化场。因为，出售种蛋与将种蛋孵化成雏鸡后出售的收益相比较，后者更佳。

种鸡场兼营孵化场和肉用仔鸡场：在前者的基础上，生产肉用仔鸡的鸡场。肉用仔鸡生产周期短，经济效益较好。不少种鸡饲养单位在条件许可的范围内，进行肉用仔鸡生产，同时对外供应部分雏鸡。

有一些鸡场不顾防疫条件，只考虑创收，在鸡场附近开办屠宰加工厂或扒鸡厂，收购"百家鸡"，最终因疾病流行而导致鸡场倒闭。这种教训，应在确定养鸡场的经营方向时加以认真考虑。

（2）经营方式

①专营 大部分国有资产投资的肉鸡祖代鸡场、父母代种鸡场及地方优良鸡种资源场，都负有培育和繁殖任务，并向社会提供优良种蛋和雏鸡。它们都有较强的技术力量，专业化分工也比较细，多为专业化鸡场。除此以外，还有部分单位从事种鸡—孵化—肉用仔鸡生产，形成小而全的一条龙生产线。还有比较专业化的从事肉用仔鸡生产的肉用仔鸡生产场，以及生产规模不等的农村专业养鸡户。从防疫角度看，专业化的生产更有利于疫病的防控。

②联营 随着市场经济的发展，作为商品的肉用仔鸡生产也处在激烈的市场竞争之中。种鸡场、孵化场、肉用仔鸡场、专业养鸡户等，在产、供、销等各个环节上都要求能有一种保障。另外，从肉用仔鸡生产的经营方式调查来看，无论是国内还是国外，由于饲养肉鸡是一种随意的自由劳动，饲养人员的责任心是第一位的，一天24小时都需管理，是属于那种劳动强度不大、但要精细地观察和管理且花费时间较多的劳动形式。因此，仅雇用每天工作8小时的劳动力饲养，比不上以家庭劳动力为中心的个体经营得好。所以，肉用仔鸡的生产在广阔的农村是一个巨大的场所。近年来，由此而发展起来的"公司＋农户"的联营式企业，其发展后劲很足。

（3）若干关键投资的决策

①技术改造项目的决策 在进行技术改造时必须充分考虑以下因素：技术改造的目的是降低成本，提高经济效益，不能得不偿失。因此，要慎重考虑更新设备的投资和带来效益的比较；投资的设备，既不能墨守成规不敢创新，也不能一味脱离实际贪大求洋而造成运行困难。要考虑它的先进程度，而不至于更新不久又淘汰，使企业陷入被动。

②种鸡引进的决策 要通过市场调查与考察本地区市场认可的品种，考察品种生产性能的遗传潜力以及对本地区的适应能力，不能盲目而频繁地更换品种。

（4）**饲养规模与方式** 在国外，鸡肉的价格是肉食品中最便宜的。因此，每只鸡的盈利是很少的，它靠的是规模效益。但这种规模效益是建立在充分发挥每只鸡的生产潜力的基础之上取得的。如果肉鸡本身的生产性能没有充分发挥，生长速度慢，饲料消耗多，那么，其规模愈大，效益就愈差。

近年来，我国的肉鸡繁育体系正形成一定的生产规模，基本可满足当前肉用仔鸡生产稳定发展的要求和市场的需要。所以，目前应该更多地发展各种联营形式，以联营为中心，推广新的饲养管理技术，研制质优价廉的科学饲料配方，把我国农村的肉用仔鸡养殖户组织好、发展好。其发展方针应当是：实事求是地确定发展规模，以质量为前提，以效益为根本，实行大、中、小并举。随着科学技术的进步、饲养方式的改变、劳动者技术水平和经营管理水平的提高、资金与市场状况及社会化服务体系的完善，而由小到大逐步发展。

肉用仔鸡的饲养方式也应从我国国情出发，根据基建投资规模以及对电的依赖程度来衡量。就鸡舍内部的设施而言，在当前劳动力比较富裕的情况下，还是以半机械化为宜，即采用机器设备与人工操作相结合，在选择大型机具时更应持慎重态度。

（5）**产业重组** 整合优质资源是资本运作的重要形式，它对培植企业核心竞争力起着很大的作用。前面曾经描述的某集团的做法，是通过企业的投资和技术支撑，对其周边的广大农户的饲养方式与技术进行改造，以至推进了该企业无公害鸡肉产品和绿色食品的开拓。

在深圳市优质肉鸡产业的发展过程中，实行异地双赢的外向型发展模式，也是一种优质资源整合的模式。

随着深圳城市化的发展，农业地域逐渐缩小，农村劳动力实现了非农化转变，再加上近几年深圳国际化的发展，深圳地价一路攀升，在深圳发展优质黄羽肉鸡养殖业的优势丧失殆尽。深圳可以没有农民，但不可以没有农业产业；深圳可以没有养鸡基地，但深圳不可以没有健康安全的鸡肉产品供应。因此，深圳养鸡业面临着结构性调整的问题，必须实施"走出去"的战略。根据规划的要求，将研发基地保留在深圳本地，将商品鸡生产基地稳步转移至本省的河源、惠州、清远和内陆各省。把养鸡基地向周边和外地延伸，建立深圳的鸡肉供应后方生产基地。深圳养鸡业向异地转移时，注重整合当地相连产业，建立"牧—沼—果—林"生态模式，构建优质肉鸡生态化产业体系，发展优质肉鸡循环经济。这样，既能保证优质肉鸡排泄物的资源利用，又能保证深圳市面上鸡肉食品的安全供应与该产业的可持续发展。通过与外地市场的资源共享，优势互补，扩大了深圳养鸡业与外地资源的有效配置，进一步增强了企业发展后劲，拓展了深圳养鸡业的发展空间。

3. 健全生产活动中的服务体系，开拓和引领市场 要根据市场上饲料资源价格的波动情况调整饲料结构，根据市场上肉鸡价格和销售趋势调整饲养品种、饲养周期，适时出栏。总之，要通过市场这个调控系统使生产结构优化，产品适销对路，价格低廉，以取得较高的养殖利润。

在包括了产品的质量检查、疫病防治、生产计划安排、种雏、饲料等物资供应、技术规范的实施、产品的收购与销售、生产部门之间的协调、各个环节之间的衔接等的商品生产的整个活动中，为了使人、财、物等各类资源得以合理配置，组织有序地开展生产活动，不少企业建立了"服务中心"之类的组织管理网络。这类服务机构的系统化运作构成了一体化的生产服务体系，由它来协调各环节之间的物资流转，做到保质、保量地供给，并进行科学指导和监督。一般对生产计划、种苗、饲料、卫生防疫、技术规范、产品购销等都由中心统管，做到种苗、饲料送上门，技术指导送上门，防疫灭病送上门，活鸡收购等上门服务。做好各种经济合同、合约的签订，如与客户签订雏鸡购销合同，与饲料公司签订供货合同，与消费单位、屠宰厂签订肉鸡销售合同，与大型批发市场、超市及标准化养鸡场（户）建立长期稳定的产销合作关系，促进产销的直接对接等。这些合约、合同的签订，都将保证鸡场生产和经济活动有计划地正常进行。

在市场竞争中，除了保证产品的质量和良好的企业信誉外，还要建立一支富有开拓和奉献精神的销售队伍，并制定科学的促销策略。销售是竞争，它是质量的竞争和价格的竞争。所以，首先要努力使鸡场的肉鸡产品达到质优价廉，其次要设法打通各种渠道（如内销、外贸），巩固老客户，发展新客户。产品应尽量适应各个层次的不同需求（活鸡、冻鸡、分割鸡、小包装、优质鸡、快大型鸡），开展强有力的市场营销活动，提高产品在市场上的占有份额。此外，还必须强化售后服务，变被动式服务为主动式服务，变跟着用户走为引导用户走，变售后服务为全程服务，以诚信服务来赢得市场，不断地巩固市场和培育、开拓、引领市场。

（二）强化以质量和成本核算为核心的标准化规范管理

产品质量是企业的生命线，市场的竞争首先是产品质量的竞争。企业要在瞬息万变的市场竞争中生存，必须抓住产品质量这个关键。而产品质量管理的关键，归根结底是要提高管理者和劳动者的科技素质，制定各类技术管理措施，并在每道工序、每个岗位及技术控制点上实施。使鸡场的管理人员充分认识抓好产品质量的重要性，并自觉地把好产品质量管理关。鸡场的生产人员也要提高产品质量意识。要把产品质量管理与经济效益和劳动报酬挂钩，通过利益来密切员工与产品的成本和质量的关系，确保产品质量管理落到实处。

1. 实施品牌战略，加强产品质量管理 提高产品质量是实施品牌战略的关键环节。要在发展中创品牌，在创品牌中求发展，坚持高标准，坚持自主创新，加强管理和成本核算，做到精益求精，生产出高人一筹的产品。

（1）科学化、精细化的管理在于计划管理 要抛弃那些经验式、粗放式、家长垄断式的随意管理，建立健全企业内部的科学管理制度。在对生产中各个环节的技术保障和对设备、劳动力进行合理配置的前提下，制订各项计划。

①单产计划 每批肉用仔鸡的饲养量、饲养周期、出栏体重及

饲料量，每批种鸡的饲养量、饲养周期、平均产蛋率及饲料量等，都应周密计划、安排。

单产指标的确定，可参考鸡品种本身的生产成绩，结合本场的实际情况，依据上一年的生产实绩以及本年度的有效措施，提出既有先进性又是经过努力可以实现的计划指标。

②鸡群周转计划　在明确单产计划指标的前提下，按照鸡场鸡舍的实际情况，安排鸡群周转计划。例如，种鸡场附设孵化及肉用仔鸡生产的，就要安排好种蛋孵化与育雏鸡、肥育鸡的生产周期的衔接，一环紧扣一环。专一的肉用仔鸡场，也必须安排好本场的生产周期及本场与孵化场雏鸡生产周期的衔接。一旦周转失灵，就会造成生产上的混乱和经济上的损失。

[案例2]　某养鸡场肉用仔鸡的鸡舍周转安排

1. 基本条件

（1）育雏鸡舍 4 个单元，每个单元面积为 90 米²。

（2）肥育鸡舍 10 栋，每栋面积 180 米²。

2. 限制条件

为两阶段饲养方式，每批育雏时间为 28 天，空舍期 15～21 天，肥育时间为 42 天，空舍期 15～21 天，总计每批饲养时间为 70 天。

3. 计　算

根据表 4-2，初生雏 50 只／米²与后期饲养密度是 12 只／米²相差 4 倍多，所以肥育鸡舍的饲养面积至少应该是育雏鸡舍的 4 倍。因此，目前 1 单元育雏鸡舍 90 米²与 2 栋各为 180 米²的面积基本符合要求。

按肥育鸡舍面积计算饲养量。因后期饲养密度为 12 只／米²，则一栋肥育鸡舍的饲养量为 180 米²×12 只／米²＝2 160 只，一批饲养 2 栋的饲养量为 2 160 只×2＝4 320 只。

计算每批间隔时间。根据育雏时间 28 天，空舍时间 15～21 天计算，而每 4 个单元轮换 1 次至再次利用时需时 43～49 天，其间隔时间为 43/4～49/4，即 10.7～12.2 天。

根据肥育时间为 42 天，空舍时间 15～21 天计算，再次利用需要 57～63 天，而每 5 个单元轮换 1 次的间隔时间为 57/5～63/5，即 11.4～12.6 天。

根据以上计算结果，应该确定为每 12 天 1 批为宜。

计算全年的饲养批数及总饲养量。依据每隔 12 天饲养 1 批计算，全年饲养批数为 365 ÷ 12＝30 批。

全年总饲养量（成品鸡）为 30 × 4320 只 ＝129 600 只

全年进雏苗鸡数：按成活率 96% 计，每批为 4 320 ÷ 96%＝4 500 只 / 批

全年数为 4 500 只 / 批× 30 批 ＝135 000 只。

4. 鸡舍周转规划

如图 5-1。

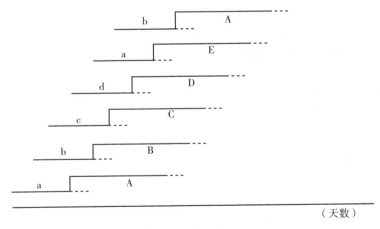

（天数）

图 5-1　鸡舍周转规划

① a，b，c，d 为育雏鸡舍的 4 个单元代号，时间长度为 28 天；

② A，B，C，D，E 为肥育鸡舍的 5 个单元代号，时间长度为 42 天；

③ 细直线为育雏时间，粗直线为肥育时间，虚线为空舍、清洗消毒的时间（15～21 天）；

④ 折线为转群；

⑤ 每批鸡的间隔时间为 12 天。

最后，将鸡舍周转规划图中的横坐标按育雏、肥育、空舍及间隔时限所表示的天数变换为该生产年度的日期，就成为一张全年肉用仔鸡生产鸡舍周转的流程图。

③饲料计划 饲料是肉鸡生产的基础，必须按照各项单产计划以及经营的规模计算各种类型饲料的耗用总量。而且应按照不同时期（育雏鸡、肥育鸡、后备鸡、种鸡）计算各个月份各种类型饲料的用量。自配饲料，则需按饲料配方计算各种饲料原料的总量，并尽早联系购置。

④垫料开支及其他各种开支的计划 采用地面平养的鸡场，其垫料用量较大，必须早做打算，并切实落实货源。其他如疫苗、药品、燃料、设备更新、水电费开支等都要列入计划。

⑤全场总产计划 在上述各分项计划制订的基础上，明确全场的年度总产计划及有关生产措施和指标，并将总产指标分解下达到各个生产单元，使各个部门、班组、个人都能把生产指标与他们的经济利益挂起钩来，以确保总产计划的实现。

生产计划的执行是指在计划制定出来后，按生产环节一步一步地落实。由于养鸡是一个不断变化的过程，管理工作也应该是动态的。管理者应时刻注意计划的落实情况，当计划执行过程中发现有违反生产规律和影响生产的情况时，应及时进行修订。特别是目前市场的多变性和肉鸡产品的特殊性，决定了计划管理的复杂性。为了更好地适应市场，保证养鸡场生产正常进行和取得较大的经济效益，必须认真地对计划进行管理。

为了很好地执行生产计划和检验生产计划的科学性和实用性，根据市场变化情况，及时对养鸡场进行科学的经济效益分析，是计划管理的一项必要措施。

（2）生产和计划实现的技术措施是标准化规范管理 要保证整个鸡场生产计划的实现，增加产出，降低投入，还要靠技术来保障。要采取一系列的技术措施，如选养优良种雏，采用全价配合饲料和科学的饲养技术，切实执行有效的免疫程序和防疫措施等，从而保证种蛋的受精率、孵化率，种鸡的产蛋率，雏鸡的成活率，饲料的利用率等，都能达到比较高的水平。这是实现生产计划、取得较好经济效益的根本所在，其对策就是标准化管理。

标准化规范管理的要求是：产品质量的标准化，生物安全的系统化，工作安排的程序化，生产管理的数字化，现场操作的精细化，岗位职责的明晰化。

①有关"生物安全"管理　包括 3 个方面。

设施性的：选址，布局，鸡舍建筑，隔离消毒设施等。

制度性的：计划，规章制度，管理办法等。

技术性的：技术规程，技术标准，操作方法等。

具体包括场址与布局，鸡舍建筑，卫生防疫设施，小环境控制，隔离消毒制度，全进全出制度，饲料卫生，垫料卫生，饮水卫生，计划免疫，观察报告与逐级负责制度，清扫与冲洗及日常消毒等。

如有关"消毒与冲洗"，可以细化如下。

清扫要彻底：清扫不要使污染扩散，自上而下、由里到外、完全彻底。洒水清扫或喷洒消毒液清扫，污染物就地初步消毒。

冲洗要求：扫后洗、冲、刷，喷洒消毒液，高压水冲洗。自上而下、由里到外、完全彻底地冲洗，不使污染物扩散，污染物就地初步消毒。

冲洗程序：喷洒消毒液→清水冲洗→洗涤剂刷洗→清水冲洗→消毒剂冲洗→清水冲洗。

人员要求：作业中不擅自离岗，不与他人接触，工作服就地初步消毒，走污道、回指定消毒场所，淋浴洗澡消毒，更衣后再回净区或生活区。

②有关种鸡场的主要技术标准　涉及生产区环境卫生标准、备用鸡舍卫生标准、鸡舍使用卫生标准、孵化室卫生标准、孵化器与出雏器卫生标准、种蛋质量标准、雏鸡质量标准等。

③有关防疫卫生的技术规程　种鸡场卫生防疫规程有 36 个重

点环节和项目。它们是：场内外隔离和卫生管理制度，生产区隔离和卫生管理制度，鸡舍间隔离制度，"全进全出"实施办法，进入场区消毒规程（车辆、人员、物品），进入生产区消毒规程（车辆、人员、物品）淋浴消毒规程，进入鸡舍消毒规程，隔离服使用管理办法，饲料卫生和消毒管理办法，垫料卫生和消毒管理办法，饮水卫生和消毒办法，生物制品管理办法，免疫程序，免疫接种技术规程，投药技术要求，鸡舍及设施设备清理消毒规程，鸡舍环境监测制度，鸡舍及设备日常卫生管理办法，带鸡消毒办法，鸡群观察报告和逐级负责制度，鸡群检疫制度，重点疾病净化制度，病弱死淘鸡处理制度，场区净污区和净污道管理办法，种蛋消毒规程，孵化生产区隔离和卫生管理制度，进入孵化厅消毒办法，孵化厅（室）卫生管理办法，孵化器、出雏器消毒规程，蛋盘消毒规程和管理办法，出雏盘消毒规程和管理办法，雏鸡消毒办法，雏鸡盒消毒管理办法，运输车辆消毒管理办法，消毒剂使用管理办法及疫情报告制度等。

④有关种鸡场的主要生产操作技术规程　种鸡饲养管理技术规程的主要工序及操作为：饲养管理人员上岗要求，鸡舍准备技术规程，饲料管理办法，入雏技术规程，雏鸡管理日常工作程序，雏鸡喂料技术要求，雏鸡饮水技术要求，光照程序，称重操作规程，雏鸡舍温控及温控设备管理办法，育成鸡管理日常工作程序，限饲限水技术规程，料线管理办法，水线管理办法，分群标准和管理办法，公母分饲管理办法，转群操作规程，产蛋鸡管理日常工作程序，产蛋鸡舍温度控制及温控设备管理办法，垫料管理办法，捡蛋技术规程，种蛋管理办法，孵化生产流程及管理规程，孵化条件及控制程序，码盘操作规程，落盘操作规程，入孵操作规程，照蛋操作规程，出雏操作规程，雏鸡分级及装箱技术要求，雏鸡发放及技术交代管理办法，雏鸡运输技术要求等。

⑤有关种鸡场标准化技术规程的实施　实施标准化管理的主要步骤包括：制定、完善各项标准、规程、制度（执行者参与制定，

提高标准化意识），调整、完善各种设施、设备（不该省的不能省），组织培训（自上而下，各层次，各种形式），全面实施（与岗位职责和考核相结合），有效督导（建立督导机制）。

（3）计划和标准化规范管理实施的保障是常态化监管　标准化规范管理是工业化生产的需要，是生产正常运转的需要。尤其是肉食产品，其终极目标是为广大人民提供合格安全的产品。虽然标准化规范管理已有各种管理条例、规章制度等，但它的切实执行、实施的保障还有待于有效的监管，因此监管的目的在很大程度上是保障产品的质量和安全，是保障人民的生命和健康。

2008 年的三聚氰胺和 2011 年的"瘦肉精"等食品安全事故，使人们对食品安全的关注程度越来越高。食品安全关乎民生安全，一刻也不能掉以轻心，食品安全也影响着产业的发展，三聚氰胺三鹿奶粉事件已影响了一个企业的生存，影响了整个中国乳业的信誉；河南"瘦肉精"事件又在一定程度上影响了"双汇"集团的声誉，使用瘦肉精的散养户既是肇事者又是受害者，因为所有的"健美猪"都将被焚毁，其损失只能自认。而作为行政管理部门的公职人员，有法不依、执法不严和玩忽职守的失职渎职人员也将受到法律惩处自食恶果。需要切记的是玩火者必自焚，不论你是大企业还是养殖户，是公职人员还是个体劳动者，你对消费者生命权的蔑视，必须带来你自己的灭顶之灾。发生这些问题的症结还在于行业进入门槛不高，行业监管不到位，规则形同虚设。所以，痛定思痛，双汇集团通过此事件意识到要全产业链化，对产业链的源头养殖场进行投资，这与 2010 年农业部《推进畜禽标准化规模养殖的意见》是一致的，提高行业进入门槛，有利于对产品质量安全的管控。所以，常态化的监管应该包括如下几个层面的管控。

①养殖行业的体系保障　提高肉鸡饲养业的行业进入门槛，可以实施有效监管，为此农业部发布了《关于加快推进畜禽标准化规模养殖的意见》，加快生产方式的转变，从依赖散户饲养到标准化规模养殖的改变，是现代肉鸡业的重要内容，对"标准化肉鸡养殖

基地的建设标准"要求养殖小区有标准鸡舍 8～10 栋，每圈栏饲养量在 5 000 只以上，每批量在 4 万～5 万只。

将标准化规模养殖与产业化经营对接起来，采用"公司＋农户"的形式发展标准化规模生产，加强龙头企业对养殖场（户）的"五统一"监管方式，龙头企业可以通过"统一供应苗雏，统一防疫消毒，统一供应饲料，统一供应药物，统一屠宰加工"来加强对纳入产业化经营生产链中的养殖场（户）的饲养全过程进行管理和监控，以确保产品的质量和安全。

②监督体系的全程监管　建立从源头到餐桌的食品安全全程监管的可追溯制度，应该包括养殖场（户）的自律、龙头企业的自律和统管以及主管行政部门的常态化监管。

养鸡场（户）的自律必须做到：

一是建立档案管理制度，健全规范的饲养日志，饲养日志应每日如实详细填写，不得补记，包括饲养过程中的疫苗、饲料、饲料添加剂、兽药、药物停药期、病死鸡处理等情况。专职兽医对此监督检查并签字。

二是健全卫生防疫制度，完善专职兽医工作记录（每天的鸡群健康状况观察记录、病死鸡隔离、剖解、送检记录、处理意见、送检结果报告单和最后诊断结果、处理措施）和饲养管理制度及管理手册。

三是必须接受龙头企业的"五统一"管控，须按国家质检总局关于食用动物饲料的规定，不添加任何违禁药物。

四是强化用药管理，采用兽医处方制度，不使用禁用药物、疫苗、兴奋剂和激素等，宰前 14 天不使用任何药物，宰前 30 天不使用新城疫活疫苗，严禁使用禽流感疫苗，饲养全过程按禽肉产品兽药残留控制规定不擅自使用任何药物。

五是必须接受检验检疫机构定期进行的疫病监测和残留物监控，配合检验检疫机构做好出栏前的疫情，用药情况的检测、调查和评估。

六是每一批肉禽进场后，实施封闭式管理，在一个饲养周期内饲养人员不得出场。

龙头企业的自律和统管必须做到：

一是做好自身的卫生、质量控制体系的有效运转。

二是加强对纳入产业链内的养殖场户的"五统一"监管，加强对饲养全过程的疫病控制、用药指导和鸡群保健的管理。

三是严格执行专厂、专号、专用制度，做好各项记录和标记，确保产品的可追溯性。

检验检疫主管机构要做到：

一是定期对养鸡场（户）的鸡群进行疫病监测和残留物监控，做好各养殖场（户）出栏前的疫情、用药情况检测、调查和评估。

二是实施官方兽医驻企业监督制度，对加工全过程实施检验检疫监督管理。

三是强化岗位责任与责任追究制管理。

只有坚持这种常态化的监管，才能从源头上保障鸡肉产品的质量和安全。

2. 加强成本核算，提高产出效益　产品成本是生产过程中投入的资源，如饲料、种禽、鸡舍、兽药、人力等，在一定的劳动组合管理下，使用一定的生产技术所体现的经济消耗指标，它反映出企业的技术力量和整个的经营状况。鸡场所采用的品种是否优良，饲料质量的好坏，饲养员技术水平的高低，固定资产的利用效果，人工耗费的多少等都可以通过产品成本分析反映出来。所以，产品成本是一项综合性很强的经济指标，是衡量生产活动最重要的经济尺度。目前，市场竞争在相当程度上也就是成本的竞争。同样的产品，其成本低则竞争力就强。面对激烈的市场竞争和市场变化，企业必须注重成本核算和分析。

（1）生产成本的基本构成

①直接生产费用（现金成本）　人员工资，种雏价格，饲料费，水、电费，医疗防疫费，死亡损失费，其他业务费，税金等。

②间接生产费用（非现金成本） 固定资产折旧费，修理费，其他间接费。

有不同的生产成本分析方法，有将人员工资、饲料费以及生产所需的固定资产投入等，归并为饲养成本来分析，也有将运杂费、业务费和财务费用归纳为三项费用等。这些无非都是为了从分析和控制成本增长的角度来找出存在问题的症结。

（2）生产成本的核算分析与控制

①生产成本的核算与分析 在完成总生产计划和各项指标的前提下，加强成本核算，努力降低成本，是经济管理的一个重要方面。通过成本核算，可以及时发现一些问题。例如，通过对肉鸡耗料量与增重速度及饲料价格、肉鸡销售价格的比较，衡量适时的出栏时间。又如，饲料费用的上升和种蛋产量的下降都会导致种蛋成本的上升。而饲料费用的上升，一种是因饲料价格上涨，另一种是因饲料浪费引起的；而种蛋产量的下降，是产蛋率下降，还是破蛋率增加，还是种鸡未及时淘汰？对成本分析寻根究底，并及时分别情况采取措施予以解决。

为此，首先要做好各个生产单元的生产情况统计，这是了解生产、指导生产的重要依据，可从中及时发现问题，迅速加以解决；这也是进行经济核算和评价劳动效率、实行奖罚的依据。其次，通过种蛋价格的模拟分析可以摸清生产中存在的若干问题。种蛋价格的利润受到饲养规模、生产和经营水平及各项费用开支等因素的制约。

[案例3] 某肉鸡场种蛋价格核算方法

1. 基本数据

为使问题看得清晰，诸多费用未计算在内，仅为模拟演算。

（1）种鸡 平均数为3 000只，年平均产蛋率为50%。

（2）后备种鸡 每6周更换800只，每只价值7元。

（3）劳动力 正式工6人，临时工7人。

（4）疫苗与药品　传染性法氏囊病疫苗，每支价格为1.45元；新城疫疫苗，每支价格为2元；其他药品，每月耗资250元。

（5）饲料　种鸡每日每只消耗150克，后备鸡每日每只消耗80克，雏鸡每日每只消耗20克。

（6）折旧　房屋20年更新费每栋3万元。

2.计 算

（1）现金成本（每月）29 989.33元。

①饲料成本（每月）18 648元，其中

种鸡部分：3 000只×0.15千克/（只·天）×30天×1.2元/千克＝16 200元；

后备鸡部分：800只×0.08千克/（只·天）×30天×0.9元/千克＝1 728元；

雏鸡部分：800只×0.02千克/（只·天）×30天×1.5元/千克＝720元。

②劳务开支（每月）5 100元，其中

正式工：6人×500元＝3 000元；

临时工：7人×300元＝2 100元。

③医药开支　2 228元，其中

疫苗费用：800只×8.6（批/年）×1/12×（1.45＋2）元＝1 978元，

其他药费：250元。

④种鸡成本　800只×8.6（批/年）×1/12×7元/只＝4 013.33元。

（2）生产要素（非现金）成本（每月）745.14元，其中

①房屋折旧费　5栋种鸡舍×30000元/幢÷（20年×12月/年）＝625元；

②水槽、料桶折旧费　88.89元。

水槽折旧费：80只×30元/只÷（3年×12月/年）＝66.67元。

料桶折旧费：40只×20元/只÷（3年×12月/年）＝22.22元。

③房屋维修（5%的折旧费）31.25元。

（3）种蛋销售价格核算

①总成本（每月）29 989.33元（现金成本）+745.14元（非现金成本）=30 734.47元。

②产出　每月产蛋量：3 000个/天×50%×30天/月=45 000个，其中

种蛋数（按产蛋量85%计）：45 000个/月×85%=38 250个。

③种蛋成本　总成本÷种蛋数=30 734.47元÷38 250个=0.8035元/个。

④销售价（利润按成本的30%计）0.804元+（0.804元×30%）=1.5元/个。

从计算的分析中，可以看出饲料占总成本的60.7%，而饲料加种鸡的成本约占总成本的73.7%。因此，设法降低这两项的开支，同时提高种鸡的生产水平，就有可能降低种蛋的成本，在确定本场的成本价基础上，参照当时同类型产品的市场价格，就可以确定销售价格。市场价格愈高，本场成本价愈低，可盈利的范围愈大，在市场上也愈有竞争能力。

从这份分析材料中可以看到，该鸡场的饲料及劳动力的价格比较低廉，这是该场生产的优势所在。但也可以看到其生产水平不高，因为年平均产蛋率只有50%；而且其劳动力配置也不合理，按计算全年种鸡数为3 000只，加上8.6批的后备种鸡是8.6批×800只/批=6 880只，总计为9 880只。即每个劳动力承担的饲养量平均为760只，显然是太低了。因此，从利润分析中可以发现不少问题。反过来应该通过严格的经济责任，分解成本指标和费用指标，实行全过程的目标成本管理，这样所取得的效益将更可观。

②生产成本的控制　企业要发展，就要获利，要获利就要内部挖掘潜力。在以提高企业经济效益为中心的基础上，考虑企业内部条件与外部经营环境的协调发展，实事求是地制定降低成本的具体

措施。通过有效的成本控制，及时发现和改进生产过程中效率低、消耗高的不合理现象，使之增加产出，降低投入，以提高成本管理水平。应主要做好以下几项工作。

第一，合理配置设备和劳动力。如孵化场的设备、孵化机与出雏机的配比，由于每批种蛋使用孵化机的时间为18天，而使用出雏机的时间只有4天，如果它们之间按1∶1配置的话，必然造成出雏机利用效率不高。又如，种鸡场兼办孵化场和肉用仔鸡场时，从全年均衡生产出发，要使设备、房舍充分利用，就必然要考虑三者之间的科学配合。在考虑以上生产计划周转安排的同时，也要将劳动力做适当合理的安排。若稍有超过，可通过增加机械设备来解决。如将水槽改为乳头饮水器等自动饮水装置，既投入资金不大，又节省了水费开支，同时又可以减轻劳动强度。也可通过联产承包的基数超额奖励的办法来解决。总之，要充分发挥设备和劳动力的潜在能量。所以，固定成本是可以通过优化利用设备，整合管理市场和供应服务的资源来减少损耗。

第二，降低饲养成本。加强技术服务，提高饲养水平，是降低饲养成本的最好办法。种鸡场可以采用绩效挂钩的承包办法，而肉用仔鸡场则经常采用合同养鸡的办法，可以充分调动养殖户的积极性和能动性。

在肉用仔鸡生长的后期，其料肉比随着日龄的增长而增长。往往由后期所增长体重的价值抵消不了该期间所消耗饲料的价值。因此，抓好肉用仔鸡的适时出栏，是降低饲养成本的关键。

第三，降低饲料费用。养鸡成本中，饲料费用占到60%以上，有的饲养户可占到80%，因此，它是降低成本的关键。

措施一，选择质优价廉的饲料。购买全价饲料和各种饲料原料时要货比三家，选择质量好、价格低的饲料。自配饲料一般可降低日粮成本，饲料原料特别是蛋白质饲料廉价时，可购买预混料自配全价饲料；蛋白质饲料价格高时，购买浓缩饲料自配全价饲料成本低。充分利用当地自产或价格低的原料，严把质量关，选择可靠有效的饲料添加剂,以实现同等营养条件下的饲料价格最低。玉米是鸡场主要的能量饲料,可占饲粮比例的50%以上,直接影响饲料的价格。在玉米价格较低时,可贮存一些以备价格高时使用。

措施二,减少饲料消耗。利用科学饲养技术,根据不同饲养阶段进行分段饲养,育成期和产蛋后期适当限制饲养,不同季节和出现应激时调整饲养技术,在保证正常生长和生产的前提下,尽量减少饲料消耗。料槽结构合理,放置高度适宜,不同饲养阶段选用不同的饲喂用具,避免在采食过程中抓、刨、弹、甩而浪费饲料。一次投料不宜过多,饲喂人员投料要准、稳,减少饲料撒落。断喙要标准。鸡舍保持适宜温度,一般应为15℃~28℃。舍内温度过低,鸡采食量增多。周密制订饲料计划,妥善保存好饲料,减少饲料积压、霉变和污染。定期驱虫灭鼠,及时淘汰低产鸡和停产鸡,节省饲料。

第四,提高资金利用率,减少固定资产折旧和利息。加强采购计划制订,合理储备饲料和其他生产物资,防止长期积压。及时清理、回收债务,减少流动资金占用量。合理购置和建设固定资产,把资金用在生产最需要且能产生最大经济效果的项目上,减少生产性固定资产开支。加强固定资产的维修、保养,延长使用年限,设法使固定资产配套完备,充分发挥固定资产的作用,降低固定资产折旧和维修费用。各类鸡舍合理配套,并制订周详的周转计划,充分利用鸡舍,避免鸡舍闲置或长期空舍。

(三)倡导凝聚企业合力的人性化组织管理

1. 以人为本,最大限度地调动全体员工的积极性　在任何企业的生产活动中,人是第一要素。管理过程的起点是人,必须将满足人的物质需求和精神需求,人的才能的全面发挥,充分调动人们的主观能动性作为管理活动的终极目标。要通过"面对面,心碰心"的沟通交流,对每个员工最能做什么、在哪些方面最有发展潜力,有一个清楚的认识。员工之所以会努力工作是因为他们有生活需求（衣、食、住、行），安全的需求（身体和感情免受伤害），社会交往的需求（友谊、家庭、归属等）和自我价值实现的需求（成长需求，取得成就和实现抱负等）。而最吸引员工努力工作的是，工作表现的机会和工作带来的愉悦，工作上的成就感和对未来发展的期望等。对全体员工不能有任何歧视，而且要给予充分的信任，用人所长，给予学习、锻炼和发展的机会。让员工在一定范围内自己决定工作方法，给他们合理使用物资设备和支配时间等方面的自主权，让员工参与管理，出主意，想办法等。尊重员工的人格、自尊心、进取心、好胜心和创造性，帮助他们挖掘在缺点和不足之中所埋藏的长处与闪光点，使他们在精神上感到巨大的鼓舞，感受到企业"大家庭"的温暖，而产生向心力和归属感，使企业与员工保持和谐一致的行动。

2. 建立企业文化，以企业核心价值观来凝聚合力　企业发展的深层原因和最后决定力来源于全体员工，员工能力的提高，可以帮助企业对市场的变化及时做出反应，并调整自己的行动。

要注重员工的学习与培训应做好以下几方面工作。

一方面，要对员工坚持进行企业核心价值观和品质、道德教育，让员工树立正确的人生观和世界观，对是非、善恶有一个正确的判断标准。通过树立典型，给予启示，榜样代表了前进的方向，形象地说明了应该做什么和提倡什么。通过宣传，提高认识，形成一种共同的境界，知道什么事该做，什么事不该做，以制度规范自身的行为。使大家站得高，看得远，有目标，遵纪守法，爱场如家，团结一致，充满凝聚力和活力，使企业长盛不衰。

另一方面，要组织员工进行业务学习，在"公司＋农户"的联合体中，公司同样要把"农户"组织起来学习，让全体员工熟悉本场所有生产环节的相关知识，不仅明白该项工作应该怎么做，更重要的是明白为什么要这样做，不这样做会有什么样的后果，知道每项操作的科学依据，违反此规程会造成的后果等。

3. 实行适度的激励机制，整体推进企业生产经营　要综合考虑体力、业务能力、责任心等因素，合理搭配人员，使责任心强、工作能力强的员工带动、约束和督促工作能力差的和弱的员工，从而在整体上推进企业的生产与经营。

可以采取一些有效的激励办法，把员工潜在的能力充分发挥出来，激发和鼓励员工朝着企业所期望的目标，表现出积极、主动和符合要求的工作行为。

要帮助员工确定适当的目标，培养他们个人的能力和引导其行为。采用精神奖励和物质奖励相结合的奖励办法，奖罚适当，实事求是。公开合理，平等对待。要使奖励者受到认可，公认其努力工作和成效显著，这样才能调动大家积极向上的进取精神。

在推进全员素质提高的过程中，管理者自身的模范行为是对员工的无声命令，要求下级员工遵守的、做到的，自己必须首先遵守和做到。

与此同时，可以加上一些有效的措施，如岗位责任制可以最大限度地调动各类人员的积极性。推行竞争上岗制，工资与劳动效率业绩挂钩等，不但符合效率优先的原则，而且使企业内的职工之间既协作又竞争，上下一起形成一股合力，使企业长盛不衰。这些组织管理措施，必将使肉鸡规模化生产和产业化经营产生强大的生命力和市场竞争力。

附　录

附表1　肉用仔鸡营养需要

营养指标	单　位	0～2周龄	3～6周龄	7周龄至出栏
代谢能	兆焦/千克 （兆卡/千克）	12.54（3.00）	12.96（3.10）	13.17（3.15）
粗蛋白质	%	21.5	20.0	18.0
蛋白能量比	克/兆焦 （克/兆卡）	17.14（71.67）	15.43（64.52）	13.67（57.14）
赖氨酸能量比	克/兆焦 （克/兆卡）	0.92（3.83）	0.77（3.23）	0.67（2.81）
赖氨酸	%	1.15	1.00	0.87
蛋氨酸	%	0.50	0.40	0.34
蛋氨酸＋胱氨酸	%	0.91	0.76	0.65
苏氨酸	%	0.81	0.72	0.68
色氨酸	%	0.21	0.18	0.17
精氨酸	%	1.20	1.12	1.01
亮氨酸	%	1.26	1.05	0.94
异亮氨酸	%	0.81	0.75	0.63
苯丙氨酸	%	0.71	0.66	0.58
苯丙氨酸＋酪氨酸	%	1.27	1.15	1.00
组氨酸	%	0.35	0.32	0.27
脯氨酸	%	0.58	0.54	0.47
缬氨酸	%	0.85	0.74	0.64

续附表 1

营养指标	单 位	0～2 周龄	3～6 周龄	7 周龄至出栏
甘氨酸＋丝氨酸	%	1.24	1.10	0.96
钙	%	1.0	0.9	0.8
总 磷	%	0.68	0.65	0.60
非植酸磷	%	0.45	0.40	0.35
氯	%	0.20	0.15	0.15
钠	%	0.20	0.15	0.15
铁	毫克／千克	100	80	80
铜	毫克／千克	8	8	8
锰	毫克／千克	120	100	80
锌	毫克／千克	100	80	80
碘	毫克／千克	0.70	0.70	0.70
硒	毫克／千克	0.30	0.30	0.30
亚油酸	%	1	1	1
维生素 A	单位／千克	8000	6000	2700
维生素 D	单位／千克	1000	750	400
维生素 E	单位／千克	20	10	10
维生素 K	毫克／千克	0.5	0.5	0.5
硫胺素	毫克／千克	2.0	2.0	2.0
核黄素	毫克／千克	8	5	5
泛 酸	毫克／千克	10	10	10
烟 酸	毫克／千克	35	30	30
吡哆醇	毫克／千克	3.5	3.0	3.0
生物素	毫克／千克	0.18	0.15	0.10
叶 酸	毫克／千克	0.55	0.55	0.50
维生素 B_{12}	毫克／千克	0.010	0.010	0.007
胆 碱	毫克／千克	1300	1000	750

附表2　黄羽肉用仔鸡营养需要

营养指标	单　位	♀0～4周龄 ♂0～3周龄	♀5～8周龄 ♂4～5周龄	♀>8周龄 ♂>5周龄
代谢能	兆焦/千克 （兆卡/千克）	12.12（2.90）	12.54（3.00）	12.96（3.10）
粗蛋白质	%	21.0	19.0	16.0
蛋白能量比	克/兆焦 （克/兆卡）	17.33（72.41）	15.15（63.30）	12.34（51.61）
赖氨酸能量比	克/兆焦 （克/兆卡）	0.87（3.62）	0.78（3.27）	0.66（2.74）
赖氨酸	%	1.05	0.98	0.85
蛋氨酸	%	0.46	0.40	0.34
蛋氨酸＋胱氨酸	%	0.85	0.72	0.65
苏氨酸	%	0.76	0.74	0.68
色氨酸	%	0.19	0.18	0.16
精氨酸	%	1.19	1.10	1.00
亮氨酸	%	1.15	1.09	0.93
异亮氨酸	%	0.76	0.73	0.62
苯丙氨酸	%	0.69	0.65	0.56
苯丙氨酸＋酪氨酸	%	1.28	1.22	1.00
组氨酸	%	0.33	0.32	0.27
脯氨酸	%	0.57	0.55	0.46
缬氨酸	%	0.86	0.82	0.70
甘氨酸＋丝氨酸	%	1.19	1.14	0.97
钙	%	1.00	0.90	0.80
总　磷	%	0.68	0.65	0.60
非植酸磷	%	0.45	0.40	0.35
钠	%	0.15	0.15	0.15
氯	%	0.15	0.15	0.15

续附表 2

营养指标	单 位	♀ 0～4 周龄 ♂ 0～3 周龄	♀ 5～8 周龄 ♂ 4～5 周龄	♀ >8 周龄 ♂ >5 周龄
铁	毫克 / 千克	80	80	80
铜	毫克 / 千克	8	8	8
锰	毫克 / 千克	80	80	80
锌	毫克 / 千克	60	60	60
碘	毫克 / 千克	0.35	0.35	0.35
硒	毫克 / 千克	0.15	0.15	0.15
亚油酸	%	1	1	1
维生素 A	单位 / 千克	5000	5000	5000
维生素 D	单位 / 千克	1000	1000	1000
维生素 E	单位 / 千克	10	10	10
维生素 K	毫克 / 千克	0.50	0.50	0.50
硫胺素	毫克 / 千克	1.80	1.80	1.80
核黄素	毫克 / 千克	3.60	3.60	3.00
泛 酸	毫克 / 千克	10	10	10
烟 酸	毫克 / 千克	35	30	25
吡哆醇	毫克 / 千克	3.5	3.5	3.0
生物素	毫克 / 千克	0.15	0.15	0.15
叶 酸	毫克 / 千克	0.55	0.55	0.55
维生素 B_{12}	毫克 / 千克	0.010	0.010	0.010
胆 碱	毫克 / 千克	1000	750	500

附表 3 肉鸡常用饲料描述及常规成分

序号	中国饲料号	饲料名称	饲料描述	干物质（%）	粗蛋白质（%）	粗脂肪（%）	粗纤维（%）	无氮浸出物（%）	粗灰分（%）	中洗纤维（%）	酸洗纤维（%）	钙（%）	总磷（%）	非植酸磷（%）	鸡代谢能 兆卡/千克	鸡代谢能 兆焦/千克
1	4-07-0278	玉米	成熟、高蛋白、优质	86.0	9.4	3.1	1.2	71.1	1.2	—	—	0.02	0.27	0.12	3.18	13.31
2	4-07-0279	玉米	成熟，GB/T 17890-1999，1级	86.0	8.7	3.6	1.6	70.7	1.4	9.3	2.7	0.02	0.27	0.12	3.24	13.56
3	4-07-0272	高粱	成熟，NY/T，V级	86.0	9.0	3.4	1.4	70.4	1.8	17.4	8.0	0.13	0.36	0.17	2.94	12.30
4	4-07-0270	小麦	混合小麦，成熟 NY/T，2级	87.0	13.9	1.7	1.9	67.6	1.9	13.3	3.9	0.17	0.41	0.13	3.04	12.72
5	4-07-0274	大麦（裸）	裸大麦，成熟 NY/T，2级	87.0	13.0	2.1	2.0	67.7	2.2	10.0	2.2	0.04	0.39	0.21	2.68	11.21
6	4-07-0273	谷	成熟、晒干 NY/T，2级	86.0	7.8	1.6	8.2	63.8	4.6	27.4	28.7	0.03	0.36	0.20	2.63	11.00
7	4-07-0275	碎米	良，加工精米后的副产品	88.0	10.4	2.2	1.1	72.7	1.6	—	—	0.06	0.35	0.15	3.40	14.23
8	4-07-0479	粟（谷子）	合格、带壳、成熟	86.5	9.7	2.3	6.8	65.0	2.7	15.2	13.3	0.12	0.30	0.11	2.84	11.88
9	4-04-0067	木薯干	木薯干片、晒干 NY/T，合格	87.0	2.5	0.7	2.5	79.4	1.9	8.4	6.4	0.27	0.09	—	2.96	12.38

续附表 3

序号	中国饲料号	饲料名称	饲料描述	干物质（%）	粗蛋白质（%）	粗脂肪（%）	粗纤维（%）	无氮浸出物（%）	粗灰分（%）	中洗纤维（%）	酸洗纤维（%）	钙（%）	总磷（%）	非植酸磷（%）	鸡代谢能 兆卡/千克	鸡代谢能 兆焦/千克
10	4-08-0069	小麦麸	传统制粉工艺 NY/T，1级	87.0	15.7	3.9	8.9	53.6	4.9	42.1	13.0	0.11	0.92	0.24	1.63	6.82
11	4-10-0041	米糠	新鲜，不脱脂，NY/T，2级	87.0	12.8	16.5	5.7	44.5	7.5	22.9	13.4	0.07	1.43	0.10	2.68	11.21
12	4-10-0025	米糠饼	未脱脂，机榨，NY/T，1级	88.0	14.7	9.0	7.4	48.2	8.7	27.7	11.6	0.14	1.69	0.22	2.43	10.17
13	5-09-0127	大豆	黄大豆，成熟，NY/T，2级	87.0	35.5	17.3	4.3	25.5	4.2	7.9	7.3	0.27	0.48	0.30	3.24	13.56
14	5-10-0241	大豆饼	机榨，NY/T，2级	89.0	41.8	5.8	4.8	30.7	5.9	18.1	15.5	0.31	0.50	0.25	2.52	10.54
15	5-10-0103	大豆粕	去皮，浸提或预压提，NY/T，1级	89.0	47.9	1.0	4.0	31.2	4.9	8.8	5.3	0.34	0.65	0.19	2.4	10.04
16	5-10-0119	棉籽粕	浸提或预压浸提，NY/T，1级	90.0	47.0	0.5	10.2	26.3	6.0	—	—	0.25	1.10	0.38	1.86	7.78
17	5-10-0121	菜籽粕	浸提或预压浸提，NY/T，2级	88.0	38.6	1.4	11.8	28.9	7.3	20.7	16.8	0.65	1.02	0.35	1.77	7.41
18	5-10-0116	花生仁饼	机榨，NY/T，2级	88.0	44.7	7.2	5.9	25.1	5.1	14.0	8.7	0.25	0.53	0.31	2.78	11.63

续附表 3

序号	中国饲料号	饲料名称	饲料描述	干物质（%）	粗蛋白质（%）	粗脂肪（%）	粗纤维（%）	无氮浸出物（%）	粗灰分（%）	中洗纤维（%）	酸洗纤维（%）	钙（%）	总磷（%）	非植酸磷（%）	鸡代谢能 兆卡/千克	鸡代谢能 兆焦/千克
19	5-10-0031	向日葵仁饼	壳仁比35：65NY/T，3级	88.0	29.0	2.9	20.4	31.0	4.7	41.4	29.6	0.24	0.87	0.13	1.59	6.65
20	5-10-0243	向日葵仁粕	壳仁比24：76NY/T，2级	88.0	33.6	1.0	14.8	38.8	5.3	32.8	23.5	0.26	1.03	0.16	2.03	8.49
21	5-10-0119	亚麻仁饼	机榨，NY/T，2级	88.0	32.2	7.8	7.8	34.0	6.2	29.7	27.1	0.39	0.88	0.38	2.34	9.79
22	5-10-0246	芝麻饼	机榨，CP40%	92.0	39.2	10.3	7.2	24.9	10.4	18.0	13.2	2.24	1.19	0.00	2.14	8.95
23	5-11-0001	玉米蛋白粉	玉米去胚芽、淀粉后的面筋部分 CP60%	90.1	63.5	5.4	1.0	19.2	1.0	8.7	4.6	0.07	0.44	0.17	3.88	16.23
24	5-11-0003	玉米蛋白饲料	玉米去胚芽去淀粉后含皮残渣 CP%	88.0	19.3	7.5	7.8	48.0	5.4	33.6	10.5	0.15	0.70	—	2.02	8.45
25	5-11-0026	玉米胚芽饼	玉米湿磨后的胚芽，机榨	90.0	16.7	9.6	6.3	50.8	6.6	—	—	0.04	1.45	—	2.24	9.37
26	5-11-0009	蚕豆粉浆蛋白粉	蚕豆去皮制粉丝后的浆液脱水	88.0	66.3	4.7	4.1	10.3	2.6	—	—	—	0.59	—	3.47	14.52
27	5-11-0004	麦芽根	大麦芽副产品，干燥	89.7	28.3	1.4	12.5	41.4	6.1	—	—	0.22	0.73	—	1.41	5.90

续附表 3

序号	中国饲料号	饲料名称	饲料描述	干物质(%)	粗蛋白质(%)	粗脂肪(%)	粗纤维(%)	无氮浸出物(%)	粗灰分(%)	中洗纤维(%)	酸洗纤维(%)	钙(%)	总磷(%)	非植酸磷(%)	鸡代谢能 兆卡/千克	鸡代谢能 兆焦/千克
28	5-11-0045	鱼粉	8样平均值	90.0	62.5	4.0	0.5	10.0	12.3	—	—	3.96	3.05	3.05	2.91	12.18
29	5-13-0036	血粉	鲜猪血，喷雾干燥	88.0	82.8	0.4	0.0	1.6	3.2	—	—	0.29	0.31	0.31	2.46	10.29
30	5-13-0037	羽毛粉	纯净羽毛水解	88.0	77.9	2.2	0.7	1.4	5.8	—	—	0.20	0.68	0.68	2.73	11.42
31	5-13-0038	皮革粉	废牛皮，水解	88.0	74.7	0.8	1.6	—	10.9	—	—	4.40	0.15	0.15	—	—
32	5-13-0047	肉骨粉	屠宰下脚，带骨干燥粉碎	93.0	50.0	8.5	2.8	—	31.7	32.5	5.6	9.20	4.70	4.70	2.38	9.96
33	5-13-0048	肉粉	脱脂	94.0	54.0	12.0	1.4	—	—	31.6	8.3	7.69	3.88	—	2.20	9.20
34	1-05-0075	苜蓿草粉	一茬盛花期烘干 NY/T，2级	87.0	17.2	2.6	25.6	33.3	8.3	39.0	28.6	1.52	0.22	0.22	0.87	3.64